森林报·春

[苏]比安基／著　李菲／编译

内蒙古出版集团
内蒙古文化出版社

图书在版编目（CIP）数据

森林报·春 /（苏）比安基著；李菲编译. —呼伦贝尔：内蒙古文化出版社，2012.7

ISBN 978-7-5521-0088-4

Ⅰ. ①森… Ⅱ. ①比… ②李… Ⅲ. ①森林 – 普及读物

Ⅳ. ① S7-49

中国版本图书馆 CIP 数据核字（2012）第 170948 号

森林报·春

（苏）比安基　著

责任编辑：姜继飞

出版发行 内蒙古文化出版社

地　　址 呼伦贝尔市海拉尔区河东新春街4付3号

直销热线 0470-8241422　　**邮编**：021008

印　　刷 三河市同力彩印有限公司

开　　本：787mm×1092mm　　1/16

字　　数：200千

印　　张：10

版　　次：2012年10月第1版

印　　次：2021年6月第2次印刷

印　　数：5001-6000

书　　号：ISBN 978-7-5521-0088-4

定　　价：35.80元

阅 读 说 明 书

虽说《森林报》的名字带了一个"报"字，但是却不是一般意义上的报纸，因为它报道的是森林的事，森林里飞禽走兽和昆虫的事。

不要以为只有人类才有很多新闻，其实，森林里的新闻一点儿也不比城市里少。那里也有它的悲喜事。那里有自己的英雄和强盗、叛徒，那里有自己的音乐会，那里有自己的声音，那里也有几家欢喜几家愁，那里也有自己的战争。

这套书的作者是苏联的著名科普作家维·比安基。他的文笔优美，擅长描写动植物生活，笔调轻快。在他的笔下，森林中一年的12个月，层次分明、错落有致、类别清晰地展现在我们面前。

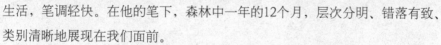

这套书里有整个大自然：天上飞的，地上爬的，土里钻的，池塘中游的……从千千万万的植物到各种各样的飞禽走兽，应有尽有，它们随着大自然四季气候的变化而变化，五彩缤纷，胜似一部"百科全书"。

本书是《森林报》的第一本——春。春天是有活力的季节，是充满生命力的季节，苏联的春天是什么样子的呢？翻开本书，你就能找到答案。

维·比安基是著名儿童科普作家和儿童文学家。他一生中的大部分时间都是在森林中度过的。在他三十多年的创作生涯中，他写下了大量的科普作品、童话和小说，其代表作有《森林报》《少年哥伦布》《写在雪地上的书》等。

只有熟悉大自然的人，才会热爱大自然。

1894年，维·比安基出生在一个养着许多飞禽走兽的家庭里。其父是俄国著名的自然科学家。他从小就喜欢到科学院动物博物馆去看标本，跟随父亲上山打猎，跟家人到郊外、乡村或海边去住。在那里，父亲教会他怎样根据飞行的模样识别鸟儿，根据脚印识别野兽……更重要的是教会他怎样观察、积累和记录大自然的全部印象。

27岁时，比安基已记下一大堆日记，他决心要用艺术的语言，让那些奇妙、美丽、珍奇的小动物永远活在他的书里。

作为他的代表作，《森林报》自1927年出版后，连续再版，深受青少年朋友的喜爱。

1959年，比安基因脑溢血逝世。

目 录

目 录

目 录

森林报·春

冬眠苏醒月

3月21日到4月20日　太阳走进白羊宫

（春季第1月）

No.1

一年：
12个月的太阳诗篇

—— 3月

新年快乐！

3月21日这天是春分，白天和夜晚一样长。这一天，森林里在庆祝新年的到来——春天就要来了。

这里的人们都把3月的世界叫做温床。从这个月开始，积雪开始变得松软，上面出现了蜂窝般的洞洞，和冬天时的样子完全不同。它们要逃跑了！只要看看它们的颜色就知道，这些家伙就要消失了。一根根冰柱从屋檐上垂下来，亮晶晶的，上面还在流水滴——一滴，两滴，三滴……渐渐在地面形成了一个小水坑——街上的麻雀高兴地在里面扑翅膀，想洗去翅膀上积了一冬的尘垢。花园里，山雀在歌唱，歌声如银铃般动听。

春天来了，它展开欢乐的翅膀飞到了这里。春天有自己严格的工作制度，它做的第一件事就是解放大地：一小块一小块的雪融化了，露出了土地。此时，冰下的水还在做着美梦。森林也在雪被下沉睡。

按照传统，3月21日这天早晨，人们要烤一种名为"云雀"的小面包吃。这种小面包的做法很简单：把面包的一头捏成小鸟嘴的样子，然后放上两颗小葡萄当眼睛。这天，人们会打开鸟笼，将啼叫的小鸟放回大自然中。飞鸟月就从这一天开始了。这一天，孩子们把所有的心思都放在这些长翅膀的小家伙身上了。他们在树上挂了好多鸟房——椋（liáng）鸟房、山雀房，有的鸟房还做成了树洞样式；他们把树枝交叉绑到一起，便于鸟儿筑巢；又忙着给那些可爱的小客人们准备免费食物；在学校和俱乐部里举行报告会，专谈鸟类是如何保护我们的森林、田野、花园、菜地，我们应该如何保护和欢迎这些活泼的小歌唱家。

　　3月里，母鸡走出门就可以喝水喝个够了。

森林中的大事

名家导读

　　本章介绍了春天到来的头一个月里，森林里发生的变化。在这个月里，秃鼻乌鸦最先从南方赶回来，兔妈妈生下了兔宝宝，榛子树上开出了第一批花，在外地过冬的"旅客"开始返乡了，融化的雪让动物们的家变得潮湿不堪，有些冬眠的动物也开始醒了。

来自森林的第一封电报

秃鼻乌鸦开启春之幕

　　秃鼻乌鸦拉开了春天的大幕。在冰雪消融的很多地方，都出现了一群群秃鼻乌鸦的身影。秃鼻乌鸦在我国南方过冬。每年春天，它们都急匆匆地赶回北方，回到自己的家乡。在路上，它们遇到了无数次暴风雪。可能有几十只，几百只，甚至上千只伙伴最终筋疲力尽，死在了半路上。

　　最先赶回来的是那些体格强壮的秃鼻乌鸦，现在它们正在休息呢。你看，它们大模大样地踱着方步，用结实的嘴巴刨土玩呢。

　　遮满天空的黑压压的乌云飘走了，蓝天上飘浮着一朵朵雪块般的白云。第一批野兽宝宝出生了，麋鹿和牡鹿都开始长出新犄（jī）角。森林里，金翅雀、山雀和戴菊鸟唱起歌来。我们在等候椋鸟和云雀的到来。我们在森林里找到了熊洞，它就在那棵树根被掘起的云杉下面。大家轮流守候，准备报道它的出现。冰下聚集着一股股融化的雪水。树上的雪都化了，森林里到处都是滴滴答答的流水声。到了晚上，严寒又会把这些雪水冻成冰。

在所有鸟妈妈中，乌鸦妈妈是最先下蛋的。它的家就在高高的云杉上，上面覆盖着一层厚厚的积雪。天气太冷了，乌鸦妈妈担心蛋会被冻破，担心里面的宝宝会被冻死，所以它不敢离开家。食物就只能由乌鸦爸爸送来了。

本报森林记者

雪地里的兔宝宝

田野里还有积雪，可是白兔妈妈已经生下了小兔。

小兔们身上穿着暖和的小皮袄，它们刚出生就睁开了眼睛，刚睁开眼睛就会跑。瞧，它们乖乖地躺在那儿，不吵也不闹。而此时它们的妈妈却已经跑得不知去向了。

一天，两天，三天过去了。兔妈妈还在野地里玩，它早就把自己的小宝贝们给忘了。可是小兔们仍然老老实实地躺在那儿。它们可不能乱跑，要是被老鹰或狐狸看见了，那可不得了啊！

瞧，妈妈终于跑过来了。不对，这不是它们的妈妈——这是一位兔阿姨，它们不认识。小兔们跑到兔阿姨跟前，抬起头央求：阿姨，喂喂我们吧！行呀！过来吃吧，宝宝们。兔阿姨喂完它们，又继续跑开了。

小兔们又回到灌木丛中躺着去了。这时候，它们的妈妈到底在哪儿呢？原来，它们的妈妈正在其他地方喂着别家的小兔呢。

兔妈妈们早就商量好了：它们认为，所有的兔宝宝都是大家的孩子。不管在哪儿碰见了兔宝宝，都要喂它们奶吃。反正自己的宝宝，也会有别的兔妈妈照顾。

你可能会想：这些小兔没有父母照顾，可怎么生活呀？其

阅读理解
通过外貌描写和动作描写，展现了刚出生的小兔的可爱。

实，你根本就不用担心——
兔宝宝们穿着暖乎乎的小皮
袄，一点儿都不冷。兔阿姨们
的奶又是那么香，那么浓，只
要吮上一回，兔宝宝们好几天都
不会饿！

到了第八九天，小兔们就长
出了牙齿，可以开始吃草了。

第一批花

第一批花出现了，不过，它们都藏在
地下，在地面上你是找不到它们的，地面
还被雪盖着呢。森林里已经出现了叮叮咚咚
的水滴声，沟渠里的水甚至已经漫到了沟沿。

看，就在这儿，在这褐色的春水上方，在光秃秃的榛子树枝上，第一批花开放了。

一根根柔软而富有弹性的灰色小尾巴，从枝头垂下来，这些小尾巴叫做柔荑（róu tí）花序，其实它们长得并不像柔荑花序。如果你轻轻摇一摇这些小尾巴，里面的花粉就会像云彩一样飘落下来。

还有更奇怪的事呢，这几根榛子树枝上还长着别的花朵。这些花，三三两两地生长在一起，很容易被人当做蓓蕾。只是在每个"蓓蕾"上面，伸出一对鲜红的像小细舌头的东西。原来这就是雌花的柱头，它们总能接到从别的树枝上随风飘来的花粉。

风自由地在光秃秃的树枝间游荡，这里没有树叶，没有其他东西来阻止它摇晃那些柔荑小尾巴，或吹散那些云彩样的花粉。

过不了多久，榛子花就会凋谢，小尾巴也会脱落，那些粉色的小舌头也要慢慢干枯。到了那时，每一朵这样的小花都会变成一颗榛子。

冬季里的客人准备出发喽！

在列宁格勒省所有的公路上，你可以看到一群群的小白鸟，长得很像鹀（wú）鸟，这就是在我们这里过冬的客人——雪鸦和铁爪鸦。

这些雪鸦和铁爪鸦的故乡是冻土地带，位于北冰洋的一些海岸和小岛上。在那里，土地还要很久才能开冻。

雪 崩

森林里发生了可怕的雪崩。

松鼠妈妈家在一棵高大的云杉枝丫上，此时，它正在暖和的巢里睡大觉。突然，一大团沉甸甸的雪球从树枝上掉下来，正好砸到了巢里。松鼠妈妈赶紧蹿了出来，可它的孩子，那些刚出生的可怜的小宝宝，还留在巢里呢。

松鼠妈妈明白过来了，这是雪崩。它马上扒开雪。真幸运，雪只是压住了粗枝搭成的巢顶，并没有砸到铺着松软苔藓的巢里。那些小松鼠宝宝们甚至还没有睡醒呢！它们太小了——像小老鼠一样大，眼睛没睁开，耳朵也听不到，身上光溜溜的，一点儿毛都没有。

潮湿的房间

雪开始一点点地融化。那些住在森林地下室里的动物，可就没有好日子了。鼹鼠、鼩鼱（qú jīng）、野鼠、田鼠、狐狸，还有住在地洞里的其他大大小小的动物，都被潮湿害苦了。现在雪刚开始化就这么难受，等到雪全都化成了水，可怎么办呢？

神秘的茸毛

沼泽地里的雪融化了，草墩里到处是水。草墩下，有些银白色的小穗儿闪闪发亮，在绿色的草茎上随风摇曳着。难道它们是去年秋天没来得及飞走的种子吗？难道说它们都已经在雪里埋了一个冬天？不对，不对，这些小穗太干净、太新鲜了。

如果你把这些小穗摘下来，把茸毛拨开看，你就能找到谜底。原来这就是花呀！在银丝般的白色茸毛间，出现了黄澄澄的雄蕊和细细的柱头。

羊胡子就是这样开花的，那些茸毛可以给花保温，因为此时夜里还很冷呢。

森林通讯员／尼·巴甫洛娃

阅读理解
一种常见药材，须根较粗，褐色，全长约14厘米～它80厘米。

鹞鹰和秃鼻乌鸦

"噼——噼！呼啦——呼啦——呼啦！"什么东西从我头上飞过去了？我一回头，哦，原来五只秃鼻乌鸦正在追赶一只鹞鹰。虽然鹞鹰左闪右躲，但最后秃鼻乌鸦们还是追上了它，使劲用嘴啄它。鹞鹰疼得大叫，到处乱跑。后来，它好不容易才找机会脱身了。

我站在高高的山顶向远处望去。我看见，那只受伤的鹞鹰正停在远处的一棵树上休息。此时，不知道从哪儿忽然飞来一大群秃鼻乌鸦，尖叫着向鹞鹰扑去。鹞鹰这下子疯狂了，它狠狠地冲着一只秃鼻乌鸦扑过去。那只秃鼻乌鸦一见，害怕了，急忙闪开。鹞鹰趁机敏捷地冲上高空，飞走了。秃鼻乌鸦们看到就在嘴边的猎物跑掉了，也只好飞散到田野里去了。

森林通讯员 ／康·梅什良耶夫

在四季常青的森林里

那些四季常青的植物可不是只有热带或地中海沿岸才有的，在我们北方这里也有四季常绿的森林，在这样的森林里间杂着一

些常绿的小灌木丛。现在是新年的头一个月，如果你在这时来这样的森林散步，你的心情一定会特别愉快。因为这里既没有褐色的枯叶，也没有那些讨厌的干草。

远远望去，那些毛茸茸的小松树特别引人注目，绿油油的。此时，在这些小松树间玩一会儿，该是多么快乐的事啊！这儿的一切都是那么生气勃勃：泛着绿光的柔软的青苔；叶子闪闪发亮的越橘；柔柔的枝条上长满了小叶芽的石楠，那些小叶芽就像是一片片绿瓦片似的，树枝上还有去年的浅紫色小花呢！

在沼泽边上，我们还可以看到一种常绿灌木——蜂斗叶。蜂斗叶的叶子是暗绿色的，边缘向上卷起，背面就像刷了一层白漆似的。不过，谁也不会老是把目光停留在这些叶子上的，因为旁边还有更有趣的东西呢——就是那些花！那些漂亮的、粉红色的、像小铃铛似的花，长得和越橘花很像。在这样的早春，能在森林里看到这些花，真是让人欣喜。要是你采一束花带回家，人们肯定不信这是从野外采回来的。他们肯定会说，这一定是从温室或花棚里采来的。

来自森林的第二封电报

椋鸟和云雀飞来了，它们唱起了歌。

熊还是没从洞里爬出来，我们有点儿着急了，大家猜想：它莫不是在洞里冻死了？

突然，洞上面的雪动了起来。不过，从洞里面爬出来的可一点儿也不像熊，而是一种从来就没见过的野兽。它有小猪那么大，浑身长满了毛，肚皮黑黑的，灰白的脑袋上有两道暗色条纹。

原来这里不是熊洞，是獾子洞，刚才爬出来的是獾。

现在，它已经不再冬眠了。每天夜里，它都要去森林里找蜗牛、幼虫、甲虫，吃树根和草根，逮田鼠。

我们开始在森林里到处找熊洞，终于让我们找到了。就是那里，这回可是货真价实的熊洞。

熊还在睡觉。水已经漫到了冰上。

雪塌了下去；琴鸡开始发情，到处求偶；啄木鸟在树上一个劲儿地啄树，咚咚咚，咚咚咚。

还有那种刨冰的小鸟，被人们称为白鹡鸰（jí líng）的小鸟，它也飞来了。

原来可以滑雪橇的那条路，现在已经泥泞不堪了。集体农庄的庄员们纷纷驾起马车，不再滑雪橇了。

名家点拨

作者用生动有趣的语言，将枯燥的自然知识形象地展示出来。在这一章里，动作描写、外貌描写和比喻运用较多，这些手法的综合运用有助于读者认识各种动植物。

城市新闻

名家导读

城市里可不光只有人类的新闻，也有好多动植物的新闻呢！作者在本章里向读者展示了猫咪们的音乐会、鸟儿间的斗争、刚刚睡醒的绿豆蝇、执著追求阳光的石蚕、蚊子的舞蹈、第一批蝴蝶、春花，以及款冬和野天鹅。小朋友们也没闲着，他们开始为椋鸟做窝。

屋顶上的音乐会

每天，当夜幕降临的时候，猫咪们都会在屋顶上举行音乐会。猫咪们很喜欢这样的音乐会。不过，每次音乐会都是以歌手们群殴的形式闭幕。

在阁楼上

最近，我们《森林报》的一位记者因为要了解屋顶上动物居民的生存状况，接连几天观察了市中心的许多住宅。

那些栖息在阁楼角落里的鸟儿们，对自己的住宅情况非常满意。觉得冷的，就住得离烟囱近点儿，可以享受免费取暖。母鸽子们已经开始孵蛋了；麻雀和寒鸦飞遍整个城市，去搜集搭窝用的稻草根和做软垫用的绒毛、羽毛。

鸟儿们很不喜欢猫咪和淘气的男孩子，他们总是会捣毁自己辛苦做成的窝。

麻雀风波

椋鸟窝旁，吵闹声、尖叫声，乱作一团。绒毛、羽毛、稻草根四处飞舞。

原来，椋鸟窝的主人——椋鸟回来了，它们发现自己的窝被麻雀占领了，就揪着麻雀往外轰。然后，它们把麻雀放在窝里的羽毛褥子也扔了出去，一点儿麻雀的痕迹都不留下。

一个水泥工人正站在梯子上把水泥抹到屋顶的裂缝上。麻雀在屋檐下蹦蹦跳跳，然后用眼睛瞅了瞅屋檐，突然，它好像想起了什么，大叫一声，冲向工人的脸。水泥工人手里拿着小铲子一个劲儿地赶它，它就是不走。他怎么也不会想到，自己把裂缝里的麻雀窝给封上了，那里还有麻雀下的蛋呢。

吵闹声、叫嚷声、绒毛、羽毛飞得到处都是。

还在做梦的绿豆蝇

街上出现了一些大个儿绿豆蝇，它们的身上看上去蓝里带绿，闪着金光。此时，它们还和秋天一样，一副没睡醒的样子。它们还不能飞，只能挪着细腿，在屋子墙壁上来来回回地爬，摇摇晃晃的。

这些绿豆蝇整天都在晒太阳，到了晚上，它们才爬回墙壁和栅栏的缝隙中。

阅读理解

也称蝇子虎、苍蝇老虎等。苍蝇虎的视力非常好，善于蹦跳。它总是一点点向猎物靠近，然后从较近的位置跳到猎物身上。

苍蝇虎，这群流浪汉！

街上出现了一群流浪汉——苍蝇虎。

俗话说，狼是靠腿来找吃的。苍蝇虎就是这样。它们不像蜘蛛那样会织出精巧复杂的网，它们只会埋伏，伺机扑到苍蝇和昆虫身上去吃它们。

石蚕

河面冰缝儿的水里爬出来一些灰色小虫儿，它们笨头笨脑地爬到岸边，脱下身上厚厚的外壳，变成了有翅膀的小飞虫。它们的身子又细又长，既不是苍蝇，也不是蝴蝶，它们是石蚕。

石蚕的翅膀长长的，身体轻飘飘的，可还不能飞，因为它们太弱了，得晒晒太阳才行。

石蚕爬过马路。路人踩它们，马蹄踏过它们，车轮压它们，麻雀啄着它们。可它们还是继续往前爬，再往前爬——它们有成千上万只呢，只要爬过马路，就可以到屋子的墙壁上晒太阳了。

列斯诺耶的观测站

自从19世纪末，著名的自然科学家凯格洛多夫教授开始在列斯诺耶进行物候学观察以来，这种观察就一直持续到现在。

现在，在苏联，全苏地理协会设置了一个以凯格洛多夫教授命名的专业委员会，来组织和领导物候学观察者的工作。

全国各地爱好物候学的人，都给委员会寄去了自己的报道。这些报道记录了多年的观察，如：鸟儿的迁徙史，植物的花开花谢，昆虫的出现和灭绝。有了这些记录，我们就可以编辑一部"普通自然历"。这种自然历可以帮助我们编制天气预报和确定各种农事工作的日期。

现在，在列斯诺耶成立了中央物候学观测站。像这种拥有50年以上历史的观测站，全世界只有3个。

请准备房间吧

谁要是想让椋鸟到自己家花园里住，可就得赶快给椋鸟们准备好房间啦！房子一定要干净，门一定要小点，以便让椋鸟能钻进去，猫钻不进去。

你还要在椋鸟房门钉上一块三角形木板，免得猫把爪子伸进去抓椋鸟。

小蚊子的舞蹈

在晴朗、暖和的日子里，小蚊子们开始在空中跳舞了。

不过不用怕，它们并不叮人，这是蚊群。

这些轻盈的小蚊子，聚集成密密麻麻的一群，就像根圆柱子似的在空中晃动着，旋转着。在蚊群较多的天空中，看上去尽是一些小黑点，就像人脸上的小雀斑一样。

第一批小蝴蝶

蝴蝶出来透气了，它们还顺带借着阳光晒晒自己的翅膀。

第一批出现的，是那些在阁楼顶上过了一冬的黑褐色带黄斑的荨（qián）麻蛱（jiá）蝶和淡黄色的柠檬蝶。

公园里

公园和花园里，雌燕雀挺起淡紫色胸脯，伸着浅蓝色脑袋，唱起响亮的歌。它们聚在一起等待着那些总爱迟到的雄燕雀。

新的森林

全国植树造林会议召开了。森林学者、林业工作者、农学家们都聚集在一起。列宁格勒人也参加了这个会。

为了在我们伟大祖国的草原地区造林，科学家们从100多年前就开始进行科学勘察和实践工作。我们选定了3万多种乔木和灌木，用来在草原上造林。这些乔木和灌木品种很容易适应不同的草原特性。比如，对于顿尼茨草原来说，与锦鸡儿、忍冬和其他灌木间种的栎树，是最合适的树种。

在苏联的工厂里，人们研制出了一种新型机器，用这种机器在短时间内就可以造出一大片森林。

现在，我们已经造出了几十万公顷的森林。

最近几年，全苏联还要造出几百万公顷的新森林。有了它们，农作物的产量就可以迅速得到提高。

列宁格勒塔斯社

春天的花朵

款冬的小黄花在公园、花园和院子里相继盛开了。

街上，有人在卖一种早春开放的春花。卖花人叫它们"雪下紫罗兰"，虽然它们的颜色、味道都和紫罗兰相去甚远。其实，它们的真名叫蓝耳草。

树木也醒了过来——白桦的树液已经开始流动起来了。

款 冬

小土丘上早就出现了款冬的一丛丛细茎。上面的每一丛茎，都是一个个小家庭。那些哥哥姐姐们，长得比较苗条，高高地仰着头；那些弟弟妹妹们，肥肥胖胖的，紧挨着它们的哥哥姐姐们。

还有一种模样滑稽的茎，它们弯着腰，耷拉着脑袋——好像因为刚刚来到世上，感到

很害羞，不敢见生人一样。

每个这样的小家庭，都是从地下的一段根茎长出来的。从去年秋天起，这些地下根茎就开始储存养料。现在，养料在一点点地消耗。过不了多久，这些小脑袋就会变成一朵朵小黄花，像向日葵一样的小花。准确地说，这些不是花，是一种花序，一大把紧密地挤在一起的小花序。

当花开始凋谢的时候，根茎里就会长出叶子。根茎很会爱护自己，它们生出叶子，让叶子吸收阳光，把养分和食物存起来，为明年做准备。

天空中传来了喇叭声

列宁格勒的居民非常吃惊，天空中竟然传来了喇叭声。早晨，天刚蒙蒙亮，街上还没有行人，整座城市寂静无声。就在这时候，那喇叭声清楚地传来了。

眼力好的人可以看到，一大群白鸟紧贴着云朵在飞，它们的脖子又细又长。这是一群喜欢排着队飞行的野天鹅。

每年春天，它们都会在我们的城市上空飞过，用它们的大嗓门叫着：克噜噜！克噜噜！不过，如果街上比较吵闹的话，就很难听到这样的喇叭声了。

现在，野天鹅们都忙着飞到科拉半岛的阿尔汉格尔斯克附近，或者到北德维纳河两岸去搭窝。

庆功会的门票

我们在等待我们有羽毛的朋友，大队委员会给我们每个少先队员都分配了任务——为椋鸟做窝。

现在我们都在做这件事。我们有一个木工厂，那些不会做椋鸟窝的同学可以在那里得到培训。

我们要把许许多多的鸟窝都挂到学校的花园里，让这些鸟儿住在我们这儿，帮我们保护苹果树、梨树和樱桃树，让它们消灭那些有害的青虫和甲虫。过几天就要欢庆飞禽节了，大家商量好，每个少先队员都要把椋鸟窝带来，作为庆祝会的门票。

森林通讯员／伏洛加·诺威　任尼亚·科良吉克

来自森林的第三封电报（急电）

我们轮流在熊洞旁边的树上守着。

突然，不知道什么东西把雪拱起来了，一个又大又黑的兽头出现在我们眼前。

一只母熊钻出了树洞，后面还跟着两只小熊。

母熊张开嘴打了个哈欠，向森林里走去。活泼的小熊蹦跳着跟在妈妈身后。刚才我们还觉得它瘦瘦的，现在却感觉一下子蓬蓬起来了。

母熊在森林里转来转去——睡了这么长时间，它现在饿得见什么吃什么：树根、枯草，还有浆果。这时候，就算有一只小兔子经过，它也不会放过的。

春水泛滥

冬天过去了。云雀和椋鸟在自由自在地唱着歌。

大水冲破薄薄的冰层，漫延到外面，冲到广阔无垠的田野里了。

田野里着火了，积雪快被太阳烤熟了，下面露出了土地，上面碧绿的小草让人看了心情舒畅。

在春水泛滥的地方，第一批野鸭和大雁出现了。

我们看见了第一只蜥蜴，它从树皮底下钻出来，爬到树墩上晒起了太阳。

这里每天都在发生许许多多有意思的事，我们都记不过来了。

城乡的交通拥堵了——发大水了。

关于这次大水造成的动物死亡情况，我们将通过飞鸟传书，在下一期《森林报》上发表。

本报特约记者

名家点拨

这一章里的修辞手法并不多，但是动作描写却尤其出色。特别是在形容椋鸟和麻雀之间风波时，语言特别生动、有趣、形象。从这一章里，我们知道了，虽然动物并不会有人类一样的情绪波动，但是它们会用自己的方式去表达自己的情绪，比如椋鸟的"揪""轰"等。

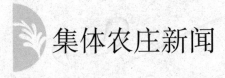

集体农庄新闻

名家导读

　　本章篇幅不长，重点介绍了集体农庄里的新春气象：雪水融化，小猪降生，马铃薯搬家，黄瓜成熟，秋播小麦开始生长。农庄里一切都有了新的开始。

把春水留住

　　雪化成了水，没有得到任何人的许可，就想从田野里跑到洼地里。庄员们把雪水扣留下来——他们用结结实实的积雪在斜坡上构筑了一道横墙。水哪儿也去不了，它们留下来，开始慢慢地渗透到田地里。

　　田地里的绿色居民感觉到了，那些雪水正在慢慢地流进它们的根里，真让人高兴啊！

新出生的小宝贝

　　昨天夜里，"突击队员"国营农场猪圈里的值班员们忙着为母猪接生，一共有100只小猪出生。这些小猪个个都肥肥胖胖，壮壮实实，摇头晃脑，哼哼乱叫。那9位年轻的猪妈妈们正在焦急地等待着，等待着饲养员们把它们那翘鼻头、小尾巴的宝宝送来吃

奶。这些饲养员每隔一小时才会把猪宝宝送过来一次。

马铃薯搬家了，它们从寒冷的仓库搬到了暖和的新房里。马铃薯们对这次搬家很满意，它们准备发芽了。

绿色的新闻

商店里开始出售新鲜的黄瓜了。不过你是否知道，这些黄瓜的花并没有经过蜜蜂采蜜授粉，它们也不是长在太阳烤热的大地上。

可它们确确实实是真的黄瓜：肥肥壮壮，鲜嫩多汁，浑身上下都是小刺，还带着一股黄瓜特有的清香；虽然它们是在温室里长大的，但那股香味确实是真正的黄瓜清香。

雪化了。人们才发现，原来整片田野竟然是被又细又瘦的"青草"覆盖着呢！此时，大地仍然没有解冻，这些细嫩的"小草"从土里吸收不到一点儿养分，各个都在挨饿，真不幸呀！

不过，在庄员们眼里，这些"青草"可宝贵得很呢——它们可不是什么野草，它们是秋播小麦哩！所以，庄员们给这些小东西准备了最富有营养的肥料——草木灰、鸟粪和食用盐。

他们还会从空中饭店里给这些饥饿的朋友撒下食物呢。

不久，一个空中飞机饭店就会飞过这片田野，把食物播撒下来，让每一棵"小草"都吃得饱饱的。

春季的狩猎期时间不长，人们只能在很短的期限内去打猎。如果春天提早到来，那么狩猎期也会提前；如果春天推迟到来，那么狩猎期也只好往后推了。

春天里打猎，主要是打那些森林里的鸟或者水鸟，而且只准打雄鸟，不许带猎狗。

 名家点拨

本章篇幅虽短，却起着承上启下的作用。通过本章，作者一下子把人们的视线从城市过渡到乡村中来，因为这里也在发生着大大的变化。春天正是播种的好时机。

狩猎

名家导读 ✳ ❀

作者从上一章将"狩猎"带入本书，在这一章里将展开描写狩猎。那么，春天里都能猎到什么动物呢？鸟类当然首当其冲，不过，也不是捕什么鸟都行的。

鸟类搬家

猎人白天就从城里出发了，到傍晚时他已经来到森林了。

这时，天灰沉沉的，一点儿风都没有，天空还下着小雨，很暖和，正适合鸟类搬家。猎人在森林边上选好地方，他靠在一棵小云杉旁站着，周围的树木都不高——尽是些赤杨、白桦和云杉。还得过一会儿，太阳才会落山。趁现在还有时间，赶快抽一根烟，过一会儿就没时间了。

猎人站在那儿，仔细倾听着——森林里响起各种鸟儿的歌唱。一只鸟在枞树尖顶上尖声鸣叫，这应该是鸫（dōng）鸟；树丛里传来一阵啾啾啾啾的声音，那应该是红胸脯的欧鸲（qú）在歌唱。

太阳落下去了。鸟儿们渐渐停止了歌唱。最后，连鸫鸟和欧鸲也不做声了。

现在就要留心了，要竖起耳朵来仔细听！从寂静的森林上空传来一阵轻轻的声音："切尔科，切尔科，霍尔——尔——尔！"

猎人吓了一跳。他把枪放到肩膀上，站在那儿一动不动。心想，这是哪儿来的声音呢?

"切尔科,切尔科,霍尔——尔——尔!"

"切尔科,切尔科……"

还是一对呢!两只长嘴勾嘴鹬(yù)此时正急匆匆地扑扇着翅膀,飞过森林上空。一只跟在另一只后面——并不是打架。看来,前面的是雌的,后面的是雄的。

砰!后面的那只勾嘴鹬,像一只风车似的,在空中旋转着,旋转着,慢慢地掉到了灌木丛里。

猎人飞快地冲了过去:他知道,如果去晚了,受伤的鸟儿会钻进灌木丛里,到时就怎么也找不到它了。勾嘴鹬的羽毛灰蒙蒙的,和落叶的颜色一样。瞧,它挂在灌木上面了。

那边,不知道是什么地方,又有一只勾嘴鹬在"切尔科,切尔科"地叫着。

太远了——霰弹根本打不到。猎人又靠着一棵小云杉。他聚精会神地倾听着。森林里寂静无声。远处又传来叫声:

"切尔科,切尔科,霍尔——尔——尔!"

是在那边,在那边——太远了,得把它吸引过来,扔个什么东西吧,应该能引过来。

猎人摘下帽子,抛向空中。雄勾嘴鹬的眼睛很尖:它正在昏暗的森林里仔细寻找自己的爱人——雌勾嘴鹬。忽然,它看见一个黑糊糊的东西从地面上飞起来,又落了下去。

难道是雌勾嘴鹬?雄勾嘴鹬在空中拐个弯儿,匆忙向猎人的方向飞了过去。

砰!雄勾嘴鹬一头栽了下来,像块木头似的掉到了地上。一枪命中。

天色渐渐晚了。"切尔科,切尔科,霍尔——尔——尔!"的叫声此起彼伏,一会儿在这边响起,一会儿在那边出现,断断续续。猎人不知道该往哪个方向去才好。

猎人的手由于激动而发抖了。

砰！砰！——没打着！

砰！砰！又是两枪，没打中。

还是放下枪，休息一会儿吧。最好放过一两只勾嘴鹬！先静下心来。

好了，手不抖了。

现在可以开枪了。

黑黢黢的森林里，不知道从哪儿传来了一声怪里怪气的叫声，吓得那只打瞌睡的鹬鸟尖叫起来。原来是一只猫头鹰在叫。

天黑了，不能再开枪了。

终于又响起了叫声：

"切尔科，切尔科……"

另一边也传来"切尔科，切尔科……"的叫声。

两只雄勾嘴鹬在猎人的头顶正好碰上了，一碰上它们就打起来了。

"砰！砰！"这回放的是双筒枪——两只勾嘴鹬一起掉了下来。一只像土块似的撞到地上；另一只在空中转了几转，翻了个跟头，正好掉到了猎人脚边。

好了，现在该走了。趁现在还看得见小路，得赶快到鸟儿交配的地方去。

松鸡交配的地方

深夜，猎人坐在森林里边，边吃东西边从暖瓶里倒水喝。这时他可不敢生火，火会把松鸡吓跑的。

过不了多久，天就要亮了。在黎明之前，松鸡就会开始交配。

静静的黑夜里，猫头鹰突然嘶叫了两声。

这该死的家伙！这样会把松鸡吓跑的！

东边的天空渐渐发白了。听，不知道在什么地方，好像有什么东西在唱歌。哦，是只松鸡。那声音不高，但是刚好能让人听见。这只松鸡"咋泰克，咋泰克"地叫着。

猎人踮起脚，仔细听。

听，又有一只松鸡在叫。就在不远处，离猎人很近，大概有150来步。

猎人小心翼翼地挪着脚步，慢慢向那儿走去。他端着枪，手指抠住

扳机，眼睛紧盯住那棵黑黝黝的大云杉。

"咋泰克"的叫声停止了，一只松鸡开始尖声啼鸣起来。

猎人突然跳开原来站的地方——一步，两步，三步，他使劲向前蹿了三大步，然后就站住不动了。

松鸡不叫了，四周静悄悄的。

现在，松鸡好像发现了什么——它在仔细听呢！它很机灵，只要树枝有一丁点儿动静，它就会冲出去，在森林里拍打着大翅膀，立刻跑得无影无踪！

但它什么也没听到，于是就又"咋泰克，咋泰克"地叫了起来，听起来就好像是两根木头在轻轻撞击似的。

猎人还是站着不动。

于是，松鸡又开始啼鸣起来。

猎人向前一跳。

松鸡赶忙停住啼鸣，因为着急，嘴里还发出"克克克"的声音。

猎人一只脚还没放下，但他不敢动了。因为他知道，松鸡在仔细听着呢。它又不叫了。

过了一会儿，看到没什么事情发生，松鸡又开始"咋泰克，咋泰克"地叫了。

就这样，重复了很多次。

现在，猎人已经很接近松鸡了。他知道，松鸡就站在这棵云杉树上——好像就在树的半腰上，离地面不远。

它太高兴了，唱得晕晕乎乎的，就是你现在去嚷嚷，它也不会听见。可是，它到底在哪儿呢？难道就在那片漆黑的针叶树上？

啊哈！原来它就在那儿！就在那根针叶密布的云杉枝上，几乎就在猎人旁边，只隔着30几步远。就在那儿，长长的黑脖子，上面顶着一个长着山羊胡子的鸟头。

现在没有声音，可不能动弹。

"咋泰克，咋泰克"——歌声又起来了。

猎人端起枪，瞄准那个黑影——那个长着山羊胡子的大鸟的身影，它的尾巴大得就像是一把展开的大扇子。

砰！——掉到雪地上了。

哈！好大一只雄松鸡。它浑身乌黑，起码有5千克重。它的整条眉毛通红通红的，就像是刚流出来的血一样。

名家点拨

在这一章里，作者巧设悬念，吸引读者的阅读兴趣，让读者忍不住为文中动物的命运担心。精彩的情境描写，丝丝入扣，仿佛我们也置身于森林中，见证了那惊心动魄的一刻。

森林剧场

名家导读

　　森林剧场里有好戏上演了，这次的演员是琴鸡们，它们会有怎样的表现呢？我们一起进去看看吧。

琴鸡交配场

　　森林里，有一片很大的空地，那里有个剧场。这时太阳还没有升起来，但是什么都能看清，因为现在是极昼，夜晚也很亮。

　　很多观众都围拢过来，那是一些身上长着麻斑的雌琴鸡。它们有的在地上吃东西，有的则安安静静地站在树上。

　　它们都在等着，等着好剧开幕。

　　瞧，一只雄琴鸡从森林里飞过来，直落到场地中央。这只琴鸡很漂亮，浑身乌黑，肩上有几道白条纹。今天的台柱上场了。

　　这只雄琴鸡用它那双黑纽扣一样的眼睛扫视了一下全场——空地上只有一些来看戏的雌琴鸡，除此之外，什么都没有。

　　可那边是什么呀？是灌木丛吗？昨天好像还没有吧？这简直是在开玩笑——一夜之间这里竟然长出了一米多高的云杉来。是自己看错了吗？还是年龄大了，老糊涂了？

交配场上的主角

戏开场了。

今天的台柱又向观众群打量了一下，然后，它把脖子伸到地上，翘起华丽的大尾巴，两只大翅膀拖到地上。

它口里振振有词，叽叽咕咕地，好像在发表演说："我要卖掉皮大衣，买一件大褂，买一件大褂。"

笃！一只雄琴鸡落了下来。笃！笃！一只，又一只，飞来了好多琴鸡，它们用结实的爪子蹬着地面。

交配场的另一头，有只雄琴鸡回应了挑战：

"就呼——费，就呼——费，你要是胆子大，你过来试试！"

我们的台柱气坏了。瞧瞧，它气得浑身的毛都竖起来了，脑袋已经贴到了地面上，尾巴也像把大扇子似的展开了，嘴里还发出"就呼——费，就呼——费"的声音。

阅读理解
通过一连串的动作描写，生动地描写出了琴鸡生气时的样子。

这是挑战的意思："谁要是不怕掉羽毛，就过来吧！"

空地的另一头，一只雄琴鸡回应了挑战："就呼——费，就呼——费，你要是胆子大，就过来试试！"

"就呼——费，就呼——费！"好啊，这里足足有20，噢不，是30只雄琴鸡——数都数不过来。你有本事就挑一只试试，它们都做好打架的准备了。

雌琴鸡们安静地蹲在树枝上，没出一点儿声，一副事不关己的样子。原来这群美人儿都这么狡猾呀！这出戏就是为了它们而准备的，这些长着黑白大尾巴、火红眉毛的黑斗士之所以大老远地跑来这儿打架，就是为了它们呀！

激烈的战场

每只雄琴鸡都想在美女面前展示一下自己，显摆显摆自己的

勇敢和力量。那些胆小、弱不禁风的笨蛋还是离远点吧！只有胆大、勇敢、灵活的战士，才配得上这些美人儿。

瞧吧，好戏上演了。场上响起了"就呼——费，就呼——费"的挑战声。雄琴鸡们都把脖子弯到地上，向对方逼近。

有两只雄琴鸡碰上了头。它们头顶着头，嘴对着嘴，狠狠地向对方的脸上啄去。

"啾唬，啾唬"鸡冠上的毛竖了起来，它们愤怒地低叫着。

天渐渐亮了，薄雾缓缓地在舞台上方升了起来。

在云杉丛里，有一件金属的东西在闪闪发光。交配场上哪儿来这么多云杉呀？

阅读理解

回顾前文，这里貌似有了答案，虽然并没有明确指出，但读者已经心知肚明，只有琴鸡们还蒙在鼓里。

此时的雄琴鸡可没有工夫去管那些云杉，它们还在专注地对付敌人呢。每只雄琴鸡都在捉对儿厮杀。

砰！一声枪响在森林里轰然散开，在小云杉丛里冒出一团烟。

交配场上的战斗停了一小会儿。树上的雌琴鸡们伸长脖子左看看右看看，愣了一会儿，都不知道发生了什么事。雄琴鸡则吃惊地竖起了火红的眉毛。

怎么了？发生什么事了？

没关系，一切都好好的。

除了自己人，这儿谁也没有！

四周静悄悄的，小云杉后面的烟也散开了。一只雄琴鸡回过头，看到了对面的敌人。它跳起来，照着对方的脑门狠狠地啄下去。

戏还在继续上演着，一对对雄琴鸡还在厮打着。

可是，树上的美人儿们却看到：那只老琴鸡和年轻的雄琴鸡此时都躺在地上死了。难道它们把对方啄死了？

好戏还在上演。还是应该看看舞台上的表演。现在哪一对儿最有意思？今天会有哪位黑斗士成为冠军呢？

太阳升到了森林上空，戏散场了。猎人从小云杉树后走了出来，他先是拾起了那只老琴鸡和他的年轻对手。这两只雄琴鸡满身是血，头脚都有霰弹。

猎人把这两只琴鸡揣到怀里，又捡起被他打死的三只雄琴鸡，扛起枪，回家了。在穿过森林的时候，猎人一直都竖着耳朵倾听，四处张望，好像害怕遇到什么人似的——原来，他今天做了两件亏心事：第一，他违反了法律，法律规定，现在还不能打猎琴鸡；第二，他把交配场上的老台柱给打死了。

明天，交配场上的戏恐怕演不成了，台柱没有了，还有谁能带头演戏呢？交配场被破坏了。

本报特约记者

名家点拨

每个"演员"都在卖力地表演，给大家献上了一场精彩纷呈的演出，让观众一饱眼福。同时，我们也对"演员们"的生活习性有了了解，既开了眼界，又长了见识。

东南西北无线电通报

名家导读

本章写作形式别出心裁，用电报的方式向读者展示了苏联各地的早春景象。读者可以领略到：北极开始渐渐步出极夜、中亚的炎热、远东冬眠的已经醒来、乌克兰开始有了返乡的鸟、泰梅尔半岛的"乌鸦节"、外贝加尔草原依然处于严寒……

注意！注意！

我们是列宁格勒《森林报》编辑部。

今天，3月21日，春分，我们和全苏联各地约定，要举行一次无线电播报。

呼叫：东方，西方，南方，北方。

呼叫：苔藓！原始森林！草原！山川！海洋！沙漠！

请注意，请报告你们那里目前的情况。

这里是北极

今天，我们这里迎来了一个大节日——在漫长的冬天过后，终于迎来了太阳的笑脸。

第一天，太阳从海面上只露出了一个淡淡的头顶，过了几分钟，它就不见了。

过了两天，太阳已经露出半个脸了。

又过了两天，太阳逐渐升高了。最后，整个儿都升了起来——脱离了海平面。

现在，我们终于可以过白天了，虽然它现在很短，从早到晚也就一个钟头，可是这又有什么关系呢？反正光明的时间会越来越长的。明天的白天比今天长一些，后天又会比明天长一些。

在我们这儿，水面和陆地上现在都还覆盖着厚厚的雪层和冰层。白熊还躲在自己的冰洞里呼呼大睡。不管在哪儿，你都别想看到一丁点儿绿色或是飞鸟。在这里，只有严寒和暴风雪。

阅读理解
作者通过太阳在海平面的不同位置来表现北极一点点摆脱了极夜的过程。

这里是中亚

我们这儿已经栽完了马铃薯，现在开始种棉花了。这里太阳炙热，街上的灰尘被风吹得到处都是。桃树、梨树、苹果树正在开花。扁桃、干杏、白头翁和风信子的花都已经凋谢了。此外，我们这儿已经开始栽种防风林了。

原来在这里过冬的乌鸦、秃鼻乌鸦和云雀，现在都飞回北方去了。它们在这里待了一冬了，该飞回去了。到我们这里来避暑的燕子、白肚皮的雨燕什么的，现在都飞来了。红色的野鸭也已经在树洞和土洞里孵出小野鸭了。小野鸭们都从窝里跳出来，在水里游开了。

这里是远东

我们这里的狗睡了一冬，现在已经醒来了。

不，不，你没听错，说的就是狗，不是熊，也不是土拨鼠，更不是獾。

你是不是觉得，任何地方的狗都不会冬眠？但我们这里的狗

就是会冬眠的，它们总在冬天里呼呼大睡。

我们这儿有一种很特别的野狗，它们的个儿比狐狸小一点儿，长着四条短腿儿，身上长满了密密的棕毛，耳朵都被遮没了。一到冬天，这种野狗就会像獾一样钻进洞里睡觉。现在，它们醒了，开始捉老鼠和鱼了。

人们管这种野狗叫浣熊狗，因为它们长得很像美洲的浣熊。

在南方沿海，我们开始捕比目鱼了，它们的身子扁扁的。在乌苏里边区的原始森林里，小老虎出世了。现在，它们已经在睁着大眼睛，打量周围的世界了。

现在，我们每天都在等候那些过来"旅行"的鱼，它们要从海边长途跋涉过来产卵。

阅读理解
通过外貌描写，告诉读者：这种狗不仅长得怪，就连生活习性和饮食习惯也怪。

这里是西部的乌克兰

现在，我们这里在种小麦。

很多白鹤从南非飞过来了，原来它们在外面过冬，现在是重回故乡了。大家都很喜欢这些白鹤，愿意让它们在我们的屋顶上住下来。所以大家搬来一些重重的车轮，放到了房顶上，以便它们做巢用。

现在，白鹤开始做巢了。它们衔来粗粗细细的树干和树枝，放在车轮上，这就搭起窝来了。

我们的养蜂人忙得要命，因为金黄色的蜂虎飞过来了。它们模样好看，文雅而美丽，就是喜欢吃蜜蜂。

这里是苔原，泰梅尔半岛

我们这儿现在还是冬天，特别特别冷，这儿连一丝春天的气息都没有。

一大群驯鹿正在四处找青苔吃，它们用嘴把积雪扒开，用蹄子使劲地敲着冰面。

乌鸦早晚都会飞来的。每天的4月7日这天，我们都会庆祝"乌奥尔恩嘉——亚列"节，就是"乌鸦节"。我们这里认为乌鸦飞来的日子就是春天开始的时间，就像你们那里把秃鼻乌鸦飞来当做春天的开始一样。可我们这儿根本就没有秃鼻乌鸦。

这里是外贝加尔草原

一群群羚羊开始到南方去了，它们刚从我们这儿离开，到蒙古去了。

现在，这边正是初春，冰雪消融，对它们来说这简直就是一场真正的灾难。白天，冰雪融化成水；晚上，冷风一吹，水又冻成了冰。整个草原，变成了一个大滑冰场。羚羊的蹄子很光滑，它们走在冰面

阅读理解

驯鹿主要分布在北半球，无论雌雄都有角。在北欧国家，圣诞老人就驾驶着驯鹿拉着的车四处派发礼物。

上，就像是走在镜子上，一步步地挪，脚都站不稳。

要知道，羚羊可是靠着它们那四条腿来保命的呀。

在这春寒料峭的时节，不知道有多少羚羊要被狼或其他野兽吃掉呢！

这里是高加索山

在我们这里，春天总是先去低处，然后再去高处，一点点地驱赶着严冬。

山顶上此时正下着雪，谷底里却下着雨；小溪一路向前奔腾着，新春的第一次山洪爆发了。洪水漫过河岸，带着沿路碰到的一切东西，咆哮着向大海冲了过去。

山下的谷地里，春暖花开，树叶也展开了。在山坡的南面，太阳暖洋洋的，黏着那碧绿的颜色一点点从山脚向山上爬去。

鸟儿们、啮齿类动物和食草动物，此时都跟着这碧绿的色彩向山上跑去。什么狼呀、狐狸呀、野猫呀，甚至还有人人都害怕的雪豹，它们都追赶着牡鹿、兔子、野绵羊、野山羊什么的，一起向山上跑去。

冬天已经退到了山顶上。春天在它后面紧追不放，沿途的动物们也跟着春天一路上了山顶。

这里是黑海

我们这里没有本地的海豹。很少有人能幸运地看过这种海兽。曾经有一只地中海的海豹，经过博斯普鲁斯海峡，偶然游到了我们这里。这只海豹在水面露出了它长长的、乌黑的脊背，大约有3米长，一下子又不见了。

不过，我们这里有其他的海兽，比如那些活泼的海豚。现在在巴统城，正是猎捕海豚的最佳时机。

猎人们乘坐小汽艇出海，仔细观察着从四面八方飞来的海鸥，看它们要飞到哪里去。通常，海鸥集合的地方会有成群的小鱼，海豚也一定会到那里去。

海豚很喜欢游戏：它们像马儿在草地上打滚一样在水面上翻跟头，有时它们还排着队，一只接一只地在水面上跳起来，在空中翻跟头，然后再落回水中。不过，这时可不能走到它们跟前去开枪，它们一定会逃走的。要到它们吃东西的地方去。可以把小汽艇开到离它们10米～15米远的地方，然后快点儿开枪。如果打中了一只，就要马上把它拖到船上来。不然，死海豚会沉到水底的。

阅读理解
一连串动作描写生动地刻画出了海豚的活泼性格。

这里是中亚的沙漠

春天，真让人高兴。即使在我们沙漠这里也是一样。这里经常下雨，天气也不热。到处都有小草从地下冒出来，连沙地上也有，真不知道这些小草都是从哪儿钻出来的。

灌木丛长出叶子来了。睡了一冬的动物，也从地底下钻出来了。屎壳郎、象鼻虫也飞来了。蜥蜴、蛇、乌龟、土拨鼠和跳鼠什么的，也从深深的洞穴里爬出来了。

一大群兀鹰从山上飞下来，它们要去捉乌龟吃。兀鹰的嘴又长又弯，可以伸进龟壳，把乌龟肉啄出来吃掉。

春天的客人飞来了：有小个儿沙漠莺，有爱跳舞的鹟（wēng），还有各式各样的云雀——鞑靼大云雀、亚洲小云雀、黑云雀、白翅膀云雀、带冠毛的云雀。空中到处都是它们的歌声。

在这样温暖晴朗的春天里，你再也不会觉得沙漠毫无生气了，也许你会感叹，原来沙漠里有那么丰富多彩的生命啊！

我们这次的无线电播报到这里就全部结束了。下一次广播播报，将在6月22日举行，敬请期待！

 名家点拨

跟随作者，我们一路看过了苏联各个方向的早春景象。这一章每一节的内容都很简短，只是告诉我们那里有什么动物、植物，春天走到了哪一步，并没有多余的话，符合"电报"的特点：精练、简短。

打靶场

射箭要射中靶子!
答案要对准题目!

第1次竞赛

1. 请对照日历，说一说，哪天标志着春天已经来了？

2. 哪种雪融化得更快——干净的，还是脏的？

3. 为什么春天禁止打软毛兽？

4. 春天，哪种动物先出现？是蝙蝠，还是昆虫？

5. 在我们这里，什么花最先开放？

6. 森林里，什么鸟的羽毛在春天会明显改变？

7. 什么时候最容易看见野生的白兔？

8. 小白兔刚生下来的时候，是睁着眼还是闭着眼？

9. 右边画着两种树。一种在森林里长大，一种在旷野里长大。你能分辨出来吗？

10. 我们这儿最小的野兽是什么？

11. 我们这儿最小的鸟是什么？

12. 这里画着3种不同的鸟嘴。第一种鸟是吃昆虫的，第二种是吃谷类和浆果的，第三种是吃小野兽和小鸟的。请你根据嘴的形状，说说哪种鸟嘴吃什么食物。

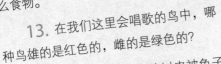

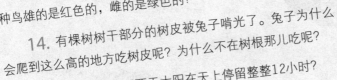

13. 在我们这里会唱歌的鸟中，哪种鸟雄的是红色的，雌的是绿色的？

14. 有棵树树干部分的树皮被兔子啃光了。兔子为什么会爬到这么高的地方吃树皮呢？为什么不在树根那儿吃呢？

15. 一年里面，哪两天太阳在天上停留整整12小时？

16. 什么东西头朝下生长？

17. 没有生炉子，也不燃木头，但让你感到很温暖。（谜语）

18. 飞行的时候不说话，坐着的时候也不出声，等到死去了，烂掉了，才放声叫。（谜语）

19. 马拖着车跑，车辕子还在那儿没动。（谜语）

20. 有位老大娘，天生就爱美，冬天穿白衣，春天换彩妆。（谜语）

21. 冬天放热，春天融化，夏天死去，秋天存活。（谜语）

22. 昨天出现过，明天又要出现。（谜语）

23. 不是树木，头上却有权。（谜语）

公告

诚征住宅

我们来了。我们要求租用木板做的小房子。木板至少要有2厘米厚，房高32厘米，面积是15厘米×15厘米；门口直径5厘米，朝南。

——椋鸟

征求菱形小房子，面积是12厘米×12厘米，门口直径4厘米。我们两日内就可到达。

——捉昆虫的杂色鸟儿 朗鹤

求借房间内有隔板的房子。总面积为12厘米×36厘米，门要开在屋檐下面，直径4厘米。我们将于5月到这里。

——雨燕

征求木板房，面积是11厘米×11厘米，门口直径4厘米，距离地板7厘米。

我们已经在这儿了。

——白鹡鸰

我们将于5月到这里。

——灰鹡鸰

森林报·春

候鸟返乡月

4月21日到5月20日 太阳走进金牛宫

（春季第2月）

No.2

一年：
12个月的太阳诗篇

——4月

　　暖风把沉睡的4月吹醒了，冰雪受不了它的热情，开始消融了。瞧着吧，还会有别的事发生呢！

　　4月，水从山上流下来，鱼从水里跃上来。春天从雪里把大地解放出来后，又开始做另一件事了：把水从冰底下释放出来。融化的雪水悄悄汇成了小溪，然后偷偷流到小河里，河水上涨，漫过河面，挣脱了冰面的束缚。水儿潺潺，奔入谷底，冲到谷地上，四处漫延开来。

　　欢快的春水、温暖的春雨滋润了大地，大地穿上了五彩斑斓的春花点缀的连衣裙，俏生生的。森林却还赤裸裸地站在那里，它在等待着，等待春天的到来。不过，树里的浆汁已经开始缓慢地流动了，树芽也膨胀起来了。地上，空中，枝头，一朵朵花儿已经开放了。

候鸟返乡大搬家

鸟儿们一群群地返回了故乡，像汹涌的浪潮。它们返回的时候，有着严格的规定：一对对地飞，按次序前进。

今年，候鸟们的空中飞行路线还和以前一样，飞行中所遵守的那套规矩也是从它们的老祖宗那里承袭下来的，还是几千年、几万年、几十万年前的那套。

最先动身上路的，是去年最晚离开我们这里的鸟儿们；最晚飞来的，是那些色彩最漂亮、最艳丽的鸟。它们要在这里等到春暖花开以后才能来。要是来早了，地面和树干都光秃秃的，它们就很容易暴露自己。

在我们列宁格勒省的上空，就正好有一条鸟类海上长途飞行路线，这条航线被称做"波罗的海航空线"。这条航空线一头连着阴沉沉的北冰洋，一头连着花草繁盛、天气晴朗的颜色地区。一群群海鸟，排成一队队、一行行，在空中飞行，多得数不清。它们都有自己的日程，都有自己的队形。

在归家途中，这些鸟儿们遇到了数不清的灾难和困难。有时，天空中会突然出现像堵厚墙一样的浓雾，挡住它们的视线。它们迷路了，就在潮湿的昏暗中左冲右撞，有时它们一不小心就会撞到那些尖尖的岩石上，被撞得血肉模糊，粉身碎骨。

海上的暴风雨也会折断它们的羽毛，撕碎它们的翅膀，把它们吹到远离海岸的地方，那里根本没有地方落脚。突然袭来的严寒就能把海水凝结成冰。很多鸟儿经受不了这种饥寒交迫，就死在了半路上。还有成千上万只鸟，则成为了雕、鹰和鸥这些猛禽的食物。这个时候，大批猛禽就会聚集在这条航空线附近，它们不费吹灰之力就可以饱餐几顿。

还有大概几百万只候鸟，就死在了猎人的枪口下。

可是，无论什么都无法阻挡候鸟们返回故乡的脚步。这些鸟类旅行者，排着密密匝匝的队伍，穿过浓雾，突破阻碍，不顾一切，要回到它们的故乡，回到它们的老巢。

我们这里的候鸟，也并不是都在非洲过冬，也并不都是沿着波罗的

海这条路线飞行。还有一些候鸟是从印度返回到我们这里来的；扁嘴鳍鹬（qí yù）越冬的地方更远，远在美洲。它们要穿过整个亚洲，然后匆匆忙忙飞回这里，这需要飞上两个多月。

戴脚环的鸟

如果你或认识的朋友捉到一只戴脚环的鸟，那么请你记下脚环上的字母和号码，把鸟放生；如果打死了一只戴脚环的鸟，请你把这只金属环取下，然后写一封信，把这些情况寄给中央鸟类脚环局。它的地址是：莫斯科，K-9，赫尔岑承袭街6号。

人们在鸟的爪子上套了一种很轻的金属环（铝环）。环上的字母，告诉我们这只鸟是在哪个国家的哪个科学机构被套上环的。那些数字，可以说明这些鸟是在什么时候什么地方被套上脚环的。在科学家的日记里有同样的数字。科学家们就是用这种方式来了解鸟类的神秘生活。

打个比方，在我们苏联遥远的北方某地，给一只鸟戴上了脚环。后来，它飞过很多地方，飞过了非洲南部，或者印度，或者其他更远的地方，被另一个人捉到了。那个人就会取下脚环，把它寄回苏联来。

不过，我们这里的候鸟并不是都飞到南方去过冬。有很多鸟儿要飞到西方或东方去过冬，还有很多要飞到北方去过冬。这就是候鸟生活的一个秘密，我们就是用这种戴脚环的方式打听到了它们的这个秘密。

森林中的大事

名家导读

又到了"森林中的大事"环节，在3月的森林大事中我们对森林有了一定了解，现在我们就来看看4月的森林开始有了什么变化。苏醒的动物多了起来，浆果钻出来了，春花也开了，还有会飞的小兽也来了，这是什么小兽呢？

雪底下的浆果

在森林的沼泽地里，蔓越橘从雪底探出头来。村里的孩子们都跑去采摘。他们边摘边说，越冬的浆果要比新浆果甜得多。

昆虫们的枞树节

柳树开花了。那疙疙瘩瘩的灰绿色的枝条掩映在轻盈、鲜亮的黄色小球后，一点儿都看不见了。柳树那轻盈的腰肢、满头的柳絮在风中轻轻摇摆，一副喜滋滋的模样。

对于昆虫来说，柳树开花就像是过节一样。瞧吧，在那漂亮的树丛里，昆虫们兴奋极了，热热闹闹的，就像过枞树节一样。丸花蜂嗡嗡地在空中飞着；笨头笨脑的苍蝇没事儿瞎忙一气，撞来撞去；勤劳的蜜蜂在拨动一根根纤细的雄蕊，忙着采集花粉；

阅读理解
丸花蜂又名熊蜂，浑身长满绒毛，个头儿大，寿命长，适合给温室作物授粉。

蝴蝶扇着美丽的翅膀飞来飞去。看，这只翅膀上雕着花的黄蝴蝶叫柠檬蝶，那只长着大眼睛的棕红色蝴蝶叫荨麻蛱蝶。

看，一只长吻蛱蝶落在了一个毛茸茸的黄色小球上，它张开暗灰色的翅膀遮住小球，然后把它那根吸管伸进雄蕊之间去找寻花蜜。

柔荑花序

在河岸上、小溪旁，在林间的空地边缘，开出了很多柔荑花序。这些花序并不是开在刚刚解冻的地面上，而是开在了那早已被春日的阳光晒得暖暖的树枝上。

现在，在白杨树和榛树的树枝上，长出了很多长长的、咖啡色的小穗儿。有了这些小穗儿，树木显得更加漂亮。它们就是柔荑花序。

这些柔荑花序去年就长出来了。不过，它们在冬天始终保持着密密实实、静止的状态。现在，它们都舒展开了，变得蓬松而有弹力了。

如果你推一下这些树枝，上面就会摇摇摆摆地飘下像轻烟一样的黄色花粉。不过，在白杨树和榛树的树枝上，除了这些会喷花粉的柔荑花序外，还有其他的花——雌花。白杨树的雌花是一种褐色的小毛球；榛树的雌花是一种粗壮的苞蕾，从苞蕾里面伸出粉色的细须，就像是躲在苞蕾里的昆虫须子似的——实际上，这是雌花的柱头。每朵雌花都有多少不等的几个柱头。

现在，白杨树和榛树上都还没长出叶子。风儿在树枝间来回飘荡，柔荑花序也跟着风儿东摇西晃。风儿卷起花粉，从一棵树上带到另一棵树上。那些粉红须子般的柱头接过花粉——这些长相古怪的刚毛似的小花就受精了。到了秋天，它们将会长成一颗颗榛子，挂在高高的树上。白杨树的雌花也受精了，到了秋天，它们将会长成一颗颗带着种子的小黑球果。

蚂蚁窝开始颤动起来

我们在一棵云杉树底下找到了一个大蚂蚁窝。一开始，我们还以为这只不过是一堆垃圾或者一丛老针叶呢，怎么也没想到这竟会是蚂蚁窝。哪个蚂蚁窝旁连一只蚂蚁都看不到呢？

现在，土堆上的雪融化了，蚂蚁都爬出来晒太阳了。它们睡了一冬，变得有点虚弱，毫无生气，黑糊糊地挤在一起，躺在窝上。我们用小棍儿轻轻地碰了碰它们，它们也只是稍微动了动，似乎在告诉我们它们还活着。它们就连用刺激性蚁酸回射我们的力量都没有了。

还得再过几天，它们才能重新开始忙忙碌碌地干活。

还有谁醒了

现在醒过来的还有蝙蝠和各种小甲虫：扁扁的步行虫、圆圆的黑色屎壳郎、叩头虫。此时，叩头虫正在表演它那套叩头的把戏呢——把它仰面朝天地放着，它就把头往地上一点，然后蹦个高儿，在空中翻个跟头，一直落到地上，站得好好的。

蒲公英也开花了。瞧，白桦树笼罩在绿色的浓雾里了，那些新叶眼看着就要长出来了。第一场雨过后，粉红色的蚯蚓从土里钻了出来。小蘑菇也钻出来了，它们有个怪名字——羊肚菌和编笠蕈（xùn）。

在池塘里

池塘也醒了。青蛙离开淤泥里的床铺，产了卵，就从水里跳到了岸上。

而蝾螈（róng yuán）呢，它只是想从岸上回到水里。这儿的孩子都把蝾螈叫做"茴鱼"。它全身呈红黑色，有一条长尾巴，看上去更像是条蜥蜴，不太像青蛙。它喜欢在森林里过冬，喜欢躲在湿湿的青苔里睡大觉。

阅读理解
即甲酸。在蚂蚁分泌物和蜜蜂的分泌液中都有蚁酸。蚁酸无色，有刺激性气味，有腐蚀性，皮肤接触后会起泡、红肿。

阅读理解
羊肚菌，也叫羊肚菜，可以食用，味道鲜美。

癞蛤蟆也醒了，它此刻正在产卵呢。不过，它的卵和青蛙的卵不一样。青蛙的卵像一团团果冻似的漂在水里，上面有小泡泡，每个泡泡里都有一个圆圆的小黑点。癞蛤蟆的卵则是用一条细带子连着，一串串地挂在水底的草上。

森林里的卫生员

冬天，严寒经常会不期而至。有些鸟和野兽还来不及适应就被冻死了，然后被雪埋了起来。到了春天，它们就露了出来。不过，它们不会在那儿待多久的，熊呀、狼呀、乌鸦呀、喜鹊呀、埋粪虫呀、蚂蚁呀，还有别的森林卫生员会把它们弄走的。

它们是春花吗

现在，你可以看到很多开花的植物。

春天里的雪花莲是从地下钻出来的。雪花莲开花的时候，先是探出一点儿绿色的梗，然后用尽它那点小小的力气一弹，伸出腰，它的小花就开出来了。

而三色堇、荠菜、遏蓝菜、蓼和欧洲野菊从来就不躲在哪儿过冬。它们迎着寒冬，从不畏惧，依然绽放着花朵。它们头上顶着雪做的天花板，当这个白雪天花板融化时，它们就会醒过来了，花和蓓蕾也开始出来透气儿了。

想想看，上一次看到这些草茎上的蓓蕾时，还是在去年秋末呢。可现在，它们都开成了花，在草丛里看着我们呢。

你说，它们算得上是春花吗？

尼·巴甫洛娃

白寒鸦

在小雅尔切克村小学附近，有一只白寒鸦。这只白寒鸦与一群普通的寒鸦在一起住，一起飞。即使是村里的老年人，也从来没见过这种白寒鸦。我们是这所小学的学生，连我们也都很纳闷：怎么这儿会有这样一只白寒鸦呢？

森林通讯员／波良·西尼采娜　葛拉·马斯罗夫

编辑部的解释

普通鸟兽有时会生下全身都是白色的小鸟小兽。科学家们把这种现象称做色素缺乏症。这种色素缺乏症有两种表现：一种是全身都是白色的，一种是只有部分是白色。在这些患色素缺乏症的鸟兽身体里，普遍缺少染色体，就是那种能把羽毛和兽毛染上颜色的色素。

在家畜和家禽里面，患这种病症的很多，比如白家兔、白公鸡、白老鼠等，它们全都是色素缺乏症患者。而在野生动物里，这种情况很少发生。

但是，患上这种色素缺乏症的野生动物日子过得可比家畜、家禽难多了。它们有的刚生下来就会被亲生父母咬死，有的勉强活下来，也要受同类的迫害和攻击。这种白色的鸟兽，即使像小雅尔切克村的白寒鸦一样，和亲族生活在一起，最终也活不了多久。因为不管谁看见它，都不会放过它的，特别是它们的天敌——猛禽。

稀有的小兽

森林里，有只啄木鸟忽然大声叫了起来，叫声实在太过凄惨，太过响亮了。所以我们一听就知道：啄木鸟出事了！

我们穿过丛林，来到了一块空地上。这里有一棵枯树，枯树上有个整齐的小洞，这就是啄木鸟的窝。此刻，一只稀有的小兽，正顺着树干爬向啄木鸟的窝。我从没见过这种小兽，也不认识它。它长得灰不溜秋的，尾巴短短的，一点儿也不蓬松；耳朵像小熊的耳朵似的，又小又圆；眼睛却像一只鸟，又大又凸。

只见小兽爬到洞口，往里看了看。看来它是来偷鸟蛋的。这时，啄木鸟急了，拼命扑打着小兽。小兽忙向后一躲。啄木鸟赶紧追了过去。小兽继续围着树干转圈，啄木鸟也跟着它转圈。

小兽越爬越高，眼看前面没路了：已经到树顶了。趁着它一犹豫，啄木鸟笃地啄了它一口。小兽突然从树上跳了下去，就在空中滑翔起来了……它张开爪子在空中飘着，就像秋天的落叶一样。它的身子轻轻地向两边摆动着，小尾巴则来回晃动，掌控着方向。它就这样飞过了草地，最后落在一根树枝上。

这时，我才想起来，这是一只会飞的小兽——鼯鼠。鼯鼠的两肋上有皮膜。当它张开爪子，打开皮膜，就可以飞起来。鼯鼠是我们森林里的跳伞运动员！可惜，现在这种小兽已经越来越少了。

名家点拨

作者用了不同的场景来分别介绍万物复苏：用柳树开花引出丸花蜂、苍蝇、蜜蜂、柠檬蝶、荨麻蛱蝶、长吻蛱蝶、榛树；用池塘介绍了青蛙、蝾螈、癞蛤蟆；通过白寒鸦介绍了动物的色素缺乏症；用啄木鸟引出鼯鼠。每种动植物的出场方式都不单调。

飞鸟传来的紧急信件

名家导读

森林里发大水了，小动物们都该怎么办呢？泛滥的春水虽然给动物们带来了烦恼，却也使水上运输得以开始。还有，作者给读者讲述了鱼儿是怎样度过冬天的。

发大水了

春天给森林里的动物带来了很多灾难。积雪迅速融化，河水泛滥，淹没了小河两岸。有些地方已经成了一片汪洋。

各地不断传来动物受灾的新闻报道。在这些灾民里，最倒霉的是那些生活在地面或地下的小动物们——兔子、鼹鼠、野鼠、田鼠等。洪水一下子就冲毁了它们的家，它们只好都从家里逃出来了。

每只小动物都在想法子逃避洪灾。小小的鼩鼱从洞里逃出来，爬上了灌木丛，浑身湿漉漉的，待在那儿等水退去。它看上去很可怜，因为它饿得发慌呀！

大水漫上河岸的时候，鼹鼠还在家里，它差一点儿就在地下闷死了。鼹鼠急急忙忙从地下爬出来，跳进水里游了起来，它要找个干燥的地方。

鼹鼠是个出色的游泳运动员。它游了好几十米，才爬上了岸。鼹鼠感到很幸运，它没有被猛禽发现。要知道，它那油黑晶亮的毛皮，可是很容易被那些家伙发现的呀。

上岸了，它又顺利地挖了个洞钻到地下去了。

树上的兔子

兔子遇到了一件事。

这只兔子住在河中央的小岛上。白天它就在灌木丛里躲着，以防被狐狸或者什么人看见；到了晚上，它就出来觅食。那些小白杨的树皮很嫩，正是好吃的时候。

这一天，兔子正躲在灌木丛里安安稳稳地睡大觉。太阳暖洋洋的，所以它根本就没发现河水正在上涨。等到它发觉身子底下的毛湿了，这才回过味儿来。当它跳起来时才发现，周围全都是水，已经变成了一片汪洋。现在，水还只是刚没过它的脚面。兔子赶忙往小岛中央跑去，那里现在还是干的。

可是，河水上涨很快，小岛也变得越来越小了。兔子从岛的这头跑到那头，又从那头跑到这头。它发现，整个小岛都快要被淹没了，可是，它又不能往冰水急浪里跳。河水太宽，也太汹涌了，它怎么能游过去呢？就这样，整整一天过去了。

第二天一早，除了一小块儿地方还露在水面外，小岛的大部分都被淹没了。仅剩的那块干的地方，长了一棵大树，树干很粗，还有很多树杈。这只兔子吓得快掉了魂儿，它不停地绕着树干跑。第三天，水已经涨到了那棵树跟前了。兔子开始拼命往树上跳，可是每次都"扑通"一声掉到水里。最后，兔子总算跳上最低的那根树杈。兔子小心翼翼地站在上面，耐心地等待大水退去。这会儿，河水已经不再上涨了。

这只兔子并不担心自己会饿死，虽然老树皮又硬又苦，但至少还可以用来充饥。风才最可怕，它会把树吹得东倒西歪，差点儿把兔子从树上摇下来。兔子就像一个爬到桅杆上的水手，脚下的树枝就像船帆的横骨似的剧烈摆动。又凉又急的河水在树下奔腾着，它撕扯着大树、木头、麦秸和动物的尸体一起跟着从兔子脚下漂过。这时，另一只兔子随着水波一上一下，晃晃悠悠地从

阅读理解
通过"不停地绕着树干跑"完美地诠释了兔子"掉了魂儿"的样子。

这只兔子旁边慢慢漂了过去。那只死兔子的脚硬邦邦的，上面还缠着枯枝。它肚皮朝天，伸着四只脚，随着树枝漂了过来。这可把这个可怜虫吓坏了。

兔子在树上待了整整三天。后来，大水终于退下去了。兔子从树上跳了下来。现在，它只能继续待在这个四面都是河的小岛上，一直等着夏天的到来。夏天河水变浅了，它就可以跑到岸上了。

船里的松鼠

在被春水淹没的草地上，一个渔夫在水面布下渔网准备捕鳊鱼。他慢慢地划着小船，从那些伸出水面的灌木丛里穿了过去。渔夫看到灌木上有一只奇形怪状的棕黄色蘑菇。突然，那只蘑菇跳了起来，一直跳到了渔夫的小船里。渔夫这才看清，原来这是一只湿淋淋的松鼠，浑身的毛乱蓬蓬的。渔夫把这只松鼠送到岸上，它马上从船上跳起来，蹦蹦跳跳地钻进森林里去了。

连鸟类都在吃苦

对鸟类来说，发大水并不可怕。可是，它们实际上也因此而饱受痛苦。淡黄色的鹬鸟在一条大水渠的边上做了一个巢，在巢里下了蛋。发大水的时候，巢被冲坏了，蛋也被冲走了，鹬鸟不得不另找地方重新做窝了。

沙锥此刻在树上坐立不安，它焦急地等待着大水退去。沙锥是一种生活在林中沼泽地上的鸟，它长着一张长长的大嘴巴，平时它就是把这张嘴巴插到软软的稀泥里找东西吃。沙锥的脚天生就是在地上走路的，要是让它到树上蹲着，那对它来说简直是种折磨，就好比让狗站到栅栏上一样难受。可是，它现在还是得待在那儿等着，不能离开，它现在无处可去。别的沼泽都被别的沙锥占领了，它又能去哪儿呢？

意外的猎物

有一天，我们的一位森林通讯员——猎人，悄悄走向一群野鸭。这些野鸭生活在湖中的灌木丛后面。猎人身穿长筒胶靴，在水里静悄悄地走着——湖水上涨得厉害，已经没到了他的膝盖。

突然，他听见灌木丛里传来一阵喧哗声和泼水声，接着他发现了一个灰不溜秋的家伙，那家伙挺着光溜溜的脊背在浅水里来回晃动。他没有多想，对着它连开了两枪。灌木丛后的水一阵翻腾，泛起一片水沫。过了好一阵，声音才渐渐平静下来。猎人走过去一看，发现原来打死的是一条梭鱼，它足有一米半长。

现在这个时候，梭鱼会从河里、湖里游到被春水淹没的岸上来，在这里的草丛里产卵。等小梭鱼从卵里孵化出来，就可以随着渐渐退去的水一起游到湖里或河里去。猎人不知道这事儿，否则他肯定不会去犯法的。我们的法律严禁开枪射击那些春天到岸边产卵的鱼；梭鱼和其他食肉的鱼都一样被禁止射击。

最后的冰块

一条小河的河面上，曾经有一条冰道，集体农庄的庄员们经常驾着雪橇在这条冰道上行走。每到春天，小河的冰就会裂开，冰道上的冰也会浮起来，摇摇晃晃地随着流水一起向下游漂去。

这块冰很脏，上面有马粪、车辙、马蹄印。冰上甚至还有一根钉马掌用的钉子。一开始，这块冰只是在河水里慢悠悠地漂着。一群小白鹡鸰从岸上飞来，落到这块冰上，啄食上面的小苍蝇。后来，河水漫上了岸，这块冰被冲到了草地上。鱼儿们在被淹没了的草地上嬉戏，有时还在冰块下钻来钻去。

有一天，一只睁眼瞎的黑鼹鼠从冰块旁边钻了出来，它费力地爬上了冰块。大水淹没了草场，这只鼹鼠在底下没法呼吸了，

所以就浮到水面上来了。后来，这块冰的一角被一座干土丘挂住了，鼹鼠趁机跳上了小土丘，并很快在上面挖了个洞，又钻进土里去了。

冰块继续随着河水前进，最后它漂进了森林里，撞到一个树墩上，被挡住了。冰块上立刻聚集了一大群水灾受害者——鼹鼠、小兔子等。大家都一样，面临着死亡的威胁。这些小动物们一个个又惊又怕，都紧紧地靠在一起，你挨着我，我靠着你。可是，水渐渐退下去了。太阳烘烤着大地，那块冰的面积越来越小，最后完全被晒化了，只剩下那块钉马掌的钉子。小动物们纷纷跳上陆地，四散着跑开了。

水上运输

冬天，伐木工人在列宁格勒省偏僻林区的某处放倒树木。到了春天，他们就把这些木材推到河里。于是，那些不会动弹的木材就会顺着水中的小径、小路和大路开始漂流而下了。

伐木工人见多识广，可以看见各种各样的故事。

有一次，一个伐木工人给我们讲了这样一个故事：一只松鼠正坐在林中小河边的一个小木墩上，两只前爪捧着一个大松果吃。突然，一只大狗从森林里跑了出来，吠叫着向松鼠扑了过去。松鼠本来可以直接跳到树上去，可周围一棵树也没有。松鼠急忙把松果一丢，翘起毛蓬蓬的大尾巴，蹦蹦跳跳地向河边窜了过去。那只大狗紧随其后。当时，小河里到处都漂着木材。松鼠赶忙跳上离岸边最近的那根木头，然后跳上第二根、第三根。大狗也傻乎乎地跟着跳了上去。可是，狗的腿又细又直，怎么能在一根根圆木上跳跃呢？圆木在水面上打着滚，狗的后腿一滑，跟着前腿也一滑，就掉到了水里。这时，水面上又漂来一大堆圆木。眨眼的工夫，狗就消失了。

而那只灵巧的小松鼠，却从一根圆木上跳到另一根圆木上，又从另一根跳到了另外一根，最后，跳到了对岸。

还有一个伐木工人，他曾经看过一只棕色的小兽，有两只猫那么大，全身呈棕红色。它趴在一根单独浮着的大木头上，嘴里还叼着一条大鳊鱼呢！这只小兽在木头上舒舒服服地享受着美味，吃完之后，它将了将胡子，又跳回水里去了。这是一只水獭。

鱼儿在冬天干什么

冬天，天寒地冻，许多鱼儿都在睡觉。

鲫鱼和冬穴鱼早在秋天就已经钻到河底的淤泥里了。鮈鱼和小鲤鱼在水底的沙坑里过冬。鲤鱼和鳊鱼则躺到长满芦苇的河湾和湖湾里的深坑里

过冬。鲟鱼在秋天时就都聚集到深河河底的坑坑洼洼里去过冬了——这种深河冬天也冻不透，它们在河底一堆堆地挤在一起。河水越深，靠近河底的水也就越温暖。还有些鱼，它们几乎一冬都不用睡觉。冬天睡觉的鱼现在都已经醒过来了，都开始匆匆忙忙地上岸产卵去了。

 名家点拨

　　本章作者通过飞鸟传来的信件，向读者展示了春水泛滥给动物们造成的影响，还借伐木工人之口，讲述了许多关于动物的有趣故事。

祝你钩钩永不落空

名家导读

这一章作者主要介绍了钓鱼这件事。4月，河水解冻，可以钓鱼了。钓鱼也是要讲究技巧的：要知道哪些地方适合钓鱼，要了解鱼的生活习性，还要知道不同时间要到不同地点去钓鱼，不同的鱼要用不同的鱼饵。

古时候我们这里曾经有个很好笑的传统——每当猎人出发去打猎的时候，大家总是说："鸟毛你都打不着！"但是，对那些去钓鱼的人，人们反而会说："祝你钩钩永不落空！"

在我们的读者中，有不少人是钓鱼爱好者。在这里，我们不仅要祝他们钓鱼的时候得心应手，还要给他们一些帮助和建议，我们要告诉他们：什么鱼什么时候在什么地方会比较容易上钩。

河水解冻之后，就可以立刻开始把蚯蚓垂到河底钓山鲶鱼了。等到池塘里和湖里的冰一融化，就可以开始钓铜色鲹鱼了。这种鱼喜欢藏在岸边去年残留的草丛里。再过一阵，就可以捕捉小鲤鱼了。等水变清后，就可以用渔网捕捞大鱼，用鱼钩钓小鱼了。

著名的苏联捕鱼业专家库尼洛夫曾说过："钓鱼的人应该研

阅读理解

古时候，人们认为说了吉祥话会招来鬼魂嫉妒，因此而倒霉，所以他们故意对出发打猎的猎人说不吉利话。

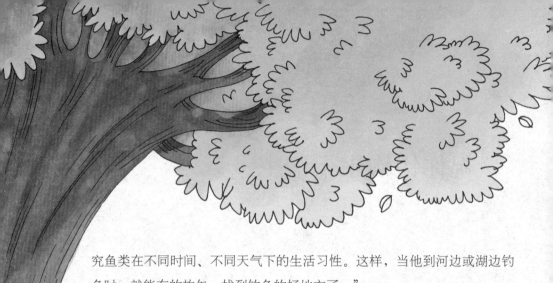

究鱼类在不同时间、不同天气下的生活习性。这样，当他到河边或湖边钓鱼时，就能有的放矢，找到钓鱼的好地方了。"

等到春水退去，露出河岸，水也开始变清的时候，就可以开始钓梭鱼、硬鳍鱼、鲤鱼、鳜鱼了。人们可以在下面这些地方钓：小河口和天然水道里；浅滩和石滩旁，陡岸和深湾旁，尤其是岸边有被淹没的乔木和灌木丛的地方；在平静的、鱼钩可以抛到水里的窄河区；在树墩下、小船或木筏上；在水磨坊的堤坝上——无论河水深浅，都可以下钩。

库尼洛夫还曾说过："有一种带浮标的鱼竿，适合钓各种各样的鱼；而且从初春到深秋，无论什么地方，这种鱼竿都可以用得上。"

从5月中旬起，就可以用蚯蚓在池塘或湖里钓那些冬穴鱼了。再过几天，斜齿鳊、鳜鱼和鲫鱼也可以开始钓了。最适合钓鱼的地方是：岸边的草丛里、灌木旁和1.5米～3米深的浅水滩。不要总在一个地方下钩，如果鱼儿没有上钩，就去另一丛灌木旁去钓，或者到芦苇丛、牛蒡丛里去钓。如果坐在小船上，那就更方便了。

等到小河变得风平浪静，水也开始变清的时候，就可以在岸边下钩了。在这种静水旁，最适合钓鱼的地方是：陡峭的岸边，水中有残树的河心里的小坑旁和岸边长有杂草和芦苇的地方。

有时候，像这种小河湾和树丛旁不太容易靠近：河岸泥泞不堪，周围水流湍急。可是，如果能想法踩着草墩或穿高筒靴走到这种地方，然后把鱼饵抛到牛蒡丛或芦苇丛里，就能钓到不少鳜鱼和斜齿鳊了。你得沿着河岸走，仔细寻找适合的地方。拨开树丛，把鱼竿从树丛间伸出去，把鱼饵和钓钩甩到那些还没有人钓过鱼的地方。还有，桥墩旁、小河口和水磨坊的堤岸上，都会聚集成群的钓鱼者。在这些地方，你总能找到鱼，也可以顺利地钓到一些鱼。

如果是钓大鲤鱼，你得用豌豆、蚯蚓和蚱蜢做鱼饵，就用那种普通带浮标的鱼竿在岸上钓就行；有时你也可以用不带浮标的鱼竿。从5月中旬到9月中旬，都可以用不带浮标的鱼竿。

适合用这种方式钓鱼的地方有：大坑、河水转弯处的急流旁，林中小河比较宽阔的水域（这种地方平静无风，经常堆满了被风刮倒的树木），岸边有许多灌木的深水潭，堤坝下和浅滩下。有的鳜鱼需要在浅滩和暗礁附近下钩。有几种小鲤鱼和不太大的鱼，要在离岸不远的激流中下钩，或者是在河底有许多石头的水路中下钩。

名家点拨

作者在这一章详细介绍了与钓鱼相关的各种事情：从鱼竿的选择、地点的确定、随时间变化地点和种类，到不同的鱼适合不同的鱼饵。读完本章，相信爱好钓鱼的人一定能学到很多知识。

 林中大战

名家导读 ✳ ❀

初看标题，你一定会吓一跳，以为是森林中的动物要大战一场。读完本章，你会发现，原来这只是作者玩的一个小花招，他形象地把林木的生长描述成了一场"林中大战"。那到底是哪些林木之间发生了大战呢？

森林里的种族之间，也会经常发生战争。对此，我们特意派了几个特约通讯员到前线去采访。我们的记者最先到了百岁老云杉的国家。每个老云杉战士的个头儿都很高，有两个接在一起的电线杆那么高，有的甚至有三根电线杆高呢。

这个国家显得有点阴森恐怖。老云杉战士们都挺直腰板，直立在那里，永远都是那么阴郁、沉默。它们的树干从上到下都是光溜溜的，只是树干上偶尔会有些弯弯曲曲的枯枝，看上去很苍凉。在高空中，这些巨树伸出毛蓬蓬的针叶树枝，手拉手似的互相缠绕着，就像给它们的国家盖上了一座大屋顶。阳光无法穿透这厚厚的帐幕，下面黑糊糊的，很闷。在这里你能闻到树脂的味道，还有一种潮湿、腐烂的气味。

偶尔这里会出现一些绿色的小植物，可很快就会枯萎。只有灰藓和地衣对这种沉闷的生活感到满意：它们喝着主人的血——树液，贪婪地聚集在战死的老云杉的尸体上。我们的特约通讯员在这里没看到一只野兽，也没听到一只小鸟的歌唱，他们只看到过一只孤单的猫头鹰。这只猫头鹰是到这里来躲避明亮的阳光的，它被我们的通讯员吵醒了，还生着气呢。只见它竖起全身的毛，抖动着胡子，像钩子一样的嘴巴一张一合，仿佛在恐吓这些突然造访的陌生人。

　　我们的特约通讯员从云杉国出来后，走进了白桦林和白杨树的国家。在这里，白肤、绿发的白桦树和银肤、绿发的白杨树，用窸窸窣窣的声音和蔼可亲地欢迎了我们。这里有数不清的鸟儿在树枝间歌唱，太阳从树顶的绿叶缝隙间倾泻下来，把这里照得五彩斑斓；空中不时划过一道日影，阳光形成的小金蛇、圆圈、月牙儿和小星星，不时在光滑的树干上

滑过。地上生活着矮小的草族。可以看出，它们在主人的绿荫伞下过得无拘无束，就像在自己家一样。野鼠、刺猬和兔子在通讯员的脚下跳来跳去。每当有风吹过的时候，这里就会一片欢腾。可是，没有风的时候，这里也不是寂静无声的：不管白天还是夜晚，白杨树都抖动着树叶，发出沙沙的声音，窃窃私语着。

这个国家的周围环绕着一条河。河对面是一片荒漠，那里有一个很大的伐木场。冬天，伐木工人就会在那里砍伐木材。绕过这片荒漠，后面又是一大片云杉，就像一堵黑糊糊的墙似的竖在那里。我们编辑部知道，只要森林里的雪一融化，荒漠就会立刻变个样儿，变成一个战场。林木种族的居住空间越来越拥挤。只要附近刚有一点儿空地，周围的每个种族就都开始入住，要把那里变成自己的地盘。我们的通讯员过了河，在伐木场上搭了个小帐篷住下来，做了这场战争的见证人。

阅读理解
用幽默的语言点出这场"林中大战"的场地和抢夺目标。

一天早上，阳光普照大地。突然，远处传来一阵噼啪声，就像有人在拿着手枪对决一样。我们的通讯员马上赶到那里。原来，云杉种族已经开始了进攻：它们派出自己的空军部队去占领刚刚空出来的土地。太阳晒热了云杉的大球果，球果里发出噼噼啪啪的声音。接着它们一个个裂开了，每个球果裂开时都会发出"砰"的声音，好像有人在拿着玩具枪玩似的。紧包着球果的厚鳞片越长越大，一下子张开了，从里面飞出好多种子。球果就像是一个秘密的军事基地，大门一打开，里面的种子就像一群滑翔机一样冲了出来，飘在空中。风托住了它们，一会儿把它们吹得高高的，一会儿又把它们放得低低的，带着它们在空中一路旋转着前进。每棵云杉上都有成百上千个这样的球果，每个球果里都藏着100来架这种滑翔机一样的种子。无数的种子在空中飞驰着，最后降落在伐木场上，在薄薄的冰碴上面滑动着。云杉种子还是有点重量的，而且它们只有一个扇形翅膀。小风并不能把它们送得很远，它们只飞了一小半路，就掉到通往伐木场的路上

阅读理解
运用比喻手法突出了种子的速度之快。

了。几天后，刮起一阵大风，云杉的小滑翔机们就又开始重新起航，最后到达目的地，降落下来占领了整片空地。接下来又是几个春寒料峭的早晨，这些娇嫩的种子差点儿没被这场春寒冻死。还好后来下了一场温暖的春雨，大地开始变得松软，才收留了这批小移民。

当云杉种族开始攻城略地的时候，河对面的白杨树刚刚开始开花。它们那毛茸茸的柔荑花序里的种子刚刚成熟。

过了一个月，夏天快到了。

在云杉种族的阴森国家里，正在欢度佳节。它们有的在树枝上挂起了红蜡烛——那是年轻的球果，还有一些挂起了绿色的蜡烛——那是稍晚一点儿的球果。云杉开始换上盛装：在墨绿色的针叶树枝上缀满金黄色的柔荑花序。云杉开花了，它们开始偷偷地准备着明年需要的种子。现在，那些被埋在伐木场地里的种子，被温暖的春泥一泡，就开始膨胀了。不过此时，它们不太适合称做种子，应该叫小苗了。它们马上就会从土里钻出来，来到这个世界上了。白桦树却还没开花呢。

我们的森林通讯员认为，新的土地一定会被云杉种族占领，其他林木种族已经错过了机会。他们对此相当笃定，目前还看不出一丝战争的苗头。

在付印下一期《森林报》的时候，编辑部希望能收到通讯员们发来的更为详细、新颖的报道。

  **名家点拨**

　　作者将森林中植物的生长，对水源、空间的抢夺形象地比喻成一场"林中大战"。在这场战争中，还只是刚刚上来一个主角——云杉，现在还不能说这是一场大战，因为后面还有更多的主角上场，要知道，这场大战可不是只有一个主角。

集体农庄新闻

名家导读

　　介绍完森林,本章开始介绍农庄了。这里也是一派春耕景象。不只人要参与春耕,连动物们也来参与春耕了。

农庄生活

　　雪刚刚融化,集体农庄的庄员们就开着拖拉机进了田。

　　一群蓝黑色的秃鼻乌鸦大摇大摆地一步步跟着拖拉机走,食物这么丰盛,它们可以慢慢享用了。灰色的乌鸦和白腰身的喜鹊,在稍远一点儿的地方蹦跳着寻找食物。犁和耙从土里翻出来的蛆虫、甲虫和它们的幼虫,都是鸟儿的美味。

　　地耕好了,也耙过了,该轮到拖拉机在播种机后面跟着跑了。选好的种子从播种机里均匀地一行行撒在地上。在我们这儿,人们最先播种亚麻,然后是春小麦,最后是燕麦和大麦。这些都是春播作物。至于秋播作物——黑麦和小麦,它们已经长到离地好几厘米那么高了。这两种麦子去年秋天就已经播种了,在雪被下过了一冬,发了芽,现在都长势良好。

　　天刚蒙蒙亮或黄昏来临的时候,在那片生机勃勃的绿色中,好像有一辆大车轧过路面,发出吱呀呀的声音;同时,又好像有一只大蟋蟀在大声鸣叫:“切尔克,维克;切尔克,维克。”不,这不是大车,也不是蟋蟀,而是一只美丽的“田公鸡”——灰山鹑在唱歌。灰山鹑长得很漂亮,灰色的羽毛上夹杂着白色的花斑,橘黄色的两颊和颈部,黄脚,红眉毛。

它的妻子雌山鹑就在一片绿丛中，已经做好了巢，在等着灰山鹑回家呢。

草场上的小草刚刚长出来，嫩得发青，把地面装点得绿油油的。黎明时分，牧童们开始把牛群和羊群赶到草场上去放牧了。

有时，人们还可以在牛背和马背上看到一些奇怪的"骑士"，那是寒鸦和秃鼻乌鸦。牛慢悠悠地走着，这些长着翅膀的"小骑士"就用嘴在牛背上啄着：笃笃笃。牛本来可以甩甩尾巴像赶苍蝇一样轰走这些小客人，可它并没有这么做，它忍耐着，为什么呢？原因很简单：这些"小骑士"本身也不重，更重要的是，它们还能给牛呀马呀帮忙。原来，这些寒鸦和秃鼻乌鸦之所以在牛背和马背上，是因为它们在吃毛里的牛皮蝇和马虻的幼虫，还有苍蝇趁牛马身上擦破或碰伤时在皮肤上产的卵。

又肥又壮的丸花蜂早就醒来了，它嗡嗡嗡地叫着；细长腰身的黄蜂飞舞着，看上去亮晶晶的；小蜜蜂也快出来了吧。集体农庄的庄员们都把蜂房拿了出来，放在养蜂场上。金黄翅膀的蜜蜂们从蜂房里爬了出来，在太阳下晒了一会儿，等到身上暖和了，它们就伸伸翅膀，飞去采集香甜的花蜜了。这可是今年第一次采蜜啊！

新城市

昨天晚上，只一夜的工夫，一座新城市就诞生了。它位于果园旁边，里面所有的房子都是标准化的。据说，这座城市并不是一点儿一点儿盖起来的，而是人们用担架抬过来的。天气暖洋洋的，城里的居民都很高兴，都出来散步了。它们绕着自己家屋顶上空旋转，熟悉着周围的街道和住处。

马铃薯过节

如果马铃薯也能唱歌的话，你们今天就将听到世界上最欢快的曲子了。今天可是马铃薯的大节日。人们正小心翼翼地把马铃薯放到箱子里，又把箱子抬到车上，然后运送到田里。

为什么人们要小心翼翼地呢？为什么要用箱子运马铃薯，而不是用麻袋呢？因为呀，每一个马铃薯都发芽了。这些小芽多好呀，一个个胖胖的，短短的，毛茸茸的，晒得黑黑的。它们都把根连在母体上，上面还长出了好多白色的小包——它们要长出根了。小芽上尖尖的，已经长出小小的嫩叶了。

神秘的坑

从秋天开始，我们就在校园里挖了一些坑。这些坑是干什么的呢？大家都不知道。后来，青蛙总是会掉到这些坑里，于是，有人就以为这坑是用来捉青蛙的。可是现在呢，就连青蛙都知道，这些坑是用来栽果树的。

孩子们在坑里栽上了苹果树、樱桃树，还有李子树，每个坑里一棵。他们又在每个坑中间立了一根木桩，然后轻轻地把小树苗绑到了树桩上。

开始干农活了

田地里，拖拉机在日夜不停地工作着。夜里，田地里只有拖拉机在工作；到了早上，就会有一群寒鸦跟在拖拉机后面。寒鸦们忙得团团转，却还是来不及吃完被拖拉机翻出来的蚯蚓。

在江河和湖泊附近，跟在拖拉机后的，就不再是一群群的寒鸦了，而是一群群白色的鸥鸟。鸥鸟也很喜欢吃蚯蚓和在土里过冬的甲虫幼虫。

奇怪的芽

黑醋栗树丛里出现了一种奇怪的芽。这些芽看上去很大，而且很圆。有些芽已经张开了，看上去就像小个儿的蓝色洋白菜。我们拿起放大镜一看，不由地惊叫了起来！这里面竟然住满了惹人讨厌的东西——一条条小虫。这些小虫弯着身子，长长的，一边翘着胡子，一边还蹬着腿儿呢。

这是扁虱呀。就因为这些扁虱在里面待了一冬，黑醋栗的芽才会膨胀得这么大。扁虱可是黑醋栗最可怕的敌人。它们会把黑醋栗的芽给毁了，还会把传染病带给它。如果黑醋栗得了这种病，它就不能结果实了。

如果此时黑醋栗树丛里鼓起的芽还不太多，那就趁扁虱还没爬出来赶快把这些芽摘下来烧掉；如果鼓起的芽很多，那就只能把整棵黑醋栗都烧掉了。

顺利的飞行

集体村庄里飞来了一批小鱼——1岁多的小鲤鱼。人们把这些小鲤鱼装到小水箱里，通过飞机运送过来。虽然，鱼一般是不能飞行的，但它们此刻都还健健康康地活着。看，它们已经开始在池塘里欢快地游起来了。

 名家点拨

集体农庄也开始进入了春天——庄员们开始犁地、播种了。随着拖拉机的脚步，寒鸦呀、秃鼻乌鸦呀、鸥鸟呀，这些鸟也可以饱餐一顿了。农庄里的马铃薯已经发芽准备栽种了。讨厌的扁虱也开始出来闹事了。

城市新闻

名家导读

　　在这一章里，读者将会看到城市里的春天：植树节的到来；公园里迎来了新客人；奇怪的七鳃鳗；动物们也开始了街上生活。

植树周

　　雪早就融化了，大地也解冻了。城市和省区里，植树周已经开始了。春天植树的日子，成了节日——植树节。

　　学校里、花园里、公园里、住宅附近和大路上，到处都能看到孩子们忙忙碌碌的身影——他们正在准备植树。

森林储蓄罐

　　田地辽阔无边。为了保护这些田地不受风沙侵害，得需要多少森林啊！我们学校的孩子们都知道植树造林这件国家大事的重要性。所以，春天，我们六年级A班教室里就出现了一个大箱子——森林储蓄罐。孩子们都把自己收集的种子带到学校来。这里有槭树的种子、白杨树的柔荑花序和结实的棕色果实。比方说小维加吧，他就带来了10千克的椋树种子。到了秋天，森林储蓄罐就会装得满满的。那时，我们就把收集到的种子全部送给政府，让政府来开办新的苗圃。

在公园和花园里

一层柔和的、像水蒸气一样的雾把树木给笼罩起来了，这种雾是绿色的，透明的。等到大树开始发芽的时候，这层雾就会消失了。

一只漂亮的长吻蛱蝶出现了。它扑扇着大翅膀，在空中翩翩起舞，身上穿着一件带浅蓝色斑点的褐衣，像天鹅绒似的，翅膀末端是白色的，就像褪了色一样。

又飞来一只蝴蝶。这只蝴蝶看上去很有趣，它长得很像荨麻蛱蝶，但是比荨麻蛱蝶小一点儿，颜色也没有那么亮，是淡棕色的。它的翅膀上有很深的锯齿，像是被人撕去了边缘一样。

要是你捉一只来瞧瞧，就能看到在它的翅膀下有一个白色的字母"C"，会让人误以为是有谁故意给这只蝴蝶印上了个记号。这种蝴蝶学名就叫"C"字白蝶（中国的名字叫荨蝶）。白蝴蝶——小粉蝶和大白蝶不久也都要出来了。

七鳃鳗

在苏联，在列宁格勒到库页岛的所有大小河流里，都生活着一种奇特的鱼。这种鱼的身子又窄又长，像蛇一样。它的身子上，除了后背以外，其他地方都没有鳍。当它在水中游起来的时候，身子一弯一扭的，活脱脱是一条蛇。这种鱼的皮很松软，上面也没有鳞片；它的嘴也和普通的鱼不一样，活像个圆形漏斗。其实，这是个吸盘。如果你看到这个吸盘，会以为这是条大水蛭，鱼儿怎么会有这种嘴呀。

在苏联农村，人们把这种鱼叫做七鳃鳗。因为这种鱼的身体两侧、眼睛后面，各有七个呼吸孔——七个鳃。

七鳃鳗的幼鱼长得很像泥鳅，所以孩子们经常把它们捉上来挂在鱼钩上做鱼饵，用来钓那些食肉的大鱼。有时候，七鳃鳗会用吸盘吸附在大鱼身上，随大鱼一起沿着河流旅行——大鱼无论如何也摆脱不了它。渔人们还说过这样的事：七鳃鳗有时会吸附在水底的石头上。它吸住石头后，全身就开始扭动起来，不断地在水里折腾，连石头都会被挪动。这种鱼竟然会有这么大的力气！七鳃鳗把石头挪开后，就会在石头底下的坑里产卵。因此，这种奇怪的鱼还有个名字，叫石吸鳗。

街上的生活

每天夜里，蝙蝠都在空袭城市和郊区。它们对街上的行人丝毫不加理会，只顾在空中追捕飞虫和苍蝇。

燕子飞来了。我们这有三种燕子：一种是家燕，它长着叉子似的长尾巴，脖子上有一个火红的斑点；一种是短尾巴、白咽喉的金腰燕；一种是个头小小的、灰褐色、白胸脯的灰沙燕。

家燕在城市周边的木房上给自己做巢；金腰燕的巢直接搭在

石头房子上；灰沙燕呢，它们喜欢在悬崖的岩洞里孵小燕。

燕子飞来后一段日子，雨燕就来了。燕子和雨燕很容易就能区分开来，雨燕总是声音刺耳地尖叫着，在屋顶上飞来飞去。它们全身乌黑发亮，翅膀也不像普通燕子那样，它们的翅膀是半圆形的，像一把镰刀似的。

咬人的蚊子也出来了。

涅瓦河一解冻，河面上空就开始出现鸥鸟。它们一点儿都不怕轮船和城市里的喧闹声，就在人的眼皮底下从容地捉水里的小鱼吃。

当鸥鸟飞累的时候，它们就直接落到河岸栏杆上，或者铁皮房顶上，待在那儿休息。

飞机上带翅膀的乘客

如果你事先没听到嗡嗡声，你能想到飞机里坐的是一些带翅膀的小旅客吗？一批高加索蜜蜂分乘在200间舒服的客舱——三合板做的木箱里。飞机把这800个蜜蜂家庭从库班运到我们这里来了。

在来的路上，这群小旅客有吃有喝，飞机上给它们供应了"蜜粮"。

晴天雪

5月20日，清晨，东方的天空瓦蓝瓦蓝的，太阳明晃晃地挂在天上。就是这样的天气，竟然下起了雪。那亮晶晶的雪花，就像萤火虫一样，轻飘飘地在空中飞舞着。

冬天呀！你吓唬不了别人了，现在你的雪花已经活不长了。这就像夏天出太阳下雨一样——太阳穿过雨帘露出笑脸，这种雨会让蘑菇长得更快。现在下的雪，还没落到地上就都化了。

我要到城外的森林去看看，也许我在那里会有所发现。也许在那一落地就融化的雪花下面，有满是褶子的褐色蕈伞——早春第一批好吃的蘑菇：羊肚菌。

森林通讯员／维利卡

阅读理解
把雪花比喻成萤火虫，突出了雪花的轻盈姿态。

布——谷

5月5日清晨，在郊外的公园里响起了第一声"布——谷"。

一个星期后，在一个温暖、寂静的傍晚，灌木丛里突然传来了鸟叫声。那声音是那么欢快、清脆。刚开始，还只是轻轻地叫，到后来，越来越响，索性大声婉转啼鸣起来，就像有人在铁锅里撒下一把细碎的豌豆似的。

这时，大家都听出来了，这是一只夜莺在唱歌。

致全体同学的公开信

我们听说，在我们省内的很多学校里，学生们都在制作鸟兽标本，种类很丰富：有矿物标本、昆虫标本，还有很多植物标本集。有的学校希望和我们一起，分享这些更直观的教材。当然，我们也会把从世界各地收集来的样品和植物标本送给他们。

我们已经开始收集春花的标本了。暑期的时候，我们会在老师的指导下，更加深入地了解故乡周围的自然，为学校收集更多新的有价值的标本。我们每个人都想为学校做出更大的贡献。

假期过后，我们都玩痛快了，也晒黑了。当我们重新回到教室里，植物老师和动物老师将利用我们收集的标本，开始给我们讲一些新鲜的知识。这会是多么令人愉快的事呀！

我们将和别的学校交换我们的收藏品。那时，我们学校的办公室里就将有更多直观的教科书了。

名家点拨

　　城市里的新闻也不少。因为春天来了，各种动植物都活泛起来了。在这一章里，作者运用了较多比喻和拟人的修辞手法，这有助于突出事物的特征，也更易让读者理解。

狩 猎

名家导读 ✳ ❀

　　这一章重点介绍了4月里森林中的要事——狩猎。当然，这不只是对人类来说，对动物来说，这更重要。性命攸关哪！不过，这里只讲了野鸭和天鹅两种鸟类的捕猎。本章告诉读者，不只人类有叛徒，动物里也有。

市场上的野鸭

　　这些日子以来，列宁格勒的市场上有各种各样的野鸭出售。这里有浑身乌黑的野鸭，有长得很像家鸭的野鸭；有高个儿野鸭，也有矮个儿野鸭；有的野鸭长着又长又尖的像锥子一样的尾巴，有的长着铲子一样的宽嘴巴，也有些野鸭的嘴巴很窄。

　　如果一个没有经验的主妇上街去买野味儿，那可就糟了：她买了野鸭回去，也烤好了，可就是没人吃。因为这只野鸭满身鱼腥味儿。原来她买回来的是一只专吃鱼的潜水的矶凫，一只秋沙鸭。有时甚至买回来的根本就不是野鸭，而是一只潜水的䴙䴘（pì tī）。

　　不过，一个有经验的主妇，一眼就能分辨出潜水的矶凫和好野鸭。只要她看一眼野禽小小的后脚趾，就全都明白了。

　　雌雄矶凫的后脚趾上，长着一大块凸起的厚皮；而那些在河面上生活的"珍贵的"野鸭，它们后脚趾上的厚皮都很小。

到马尔基佐夫湖去打野鸭

春天，在马尔基佐夫湖上有很多野鸭。列宁格勒的猎人们都喜欢在那儿打猎。

你可以到斯摩棱河上去看看。那里靠近斯摩棱墓场附近的地方，有一些奇奇怪怪的小船，有白色的，也有像河水一样颜色的。这种船的船底是全平的，船头船尾则往上翘起，船身不大，但是很宽。这就是打猎用的划子。

此时，涅瓦河上的冰早就融化了，但在河湾里还有一些大冰块。猎人迎着灰色的波浪，划着划子向大冰块冲过去。最后，猎人在一个大冰块旁停下划子，靠拢过去，自己则跨上冰块。他在皮袄外面罩了一件白罩衫，把雌的野鸭囮子从划子里拿出来拴好，放到水里，再把绳子另一头系在冰块上。雌野鸭开始叫唤。

猎人重新坐上划子，划到了不远处。

叛徒野鸭和白衫隐形人

用不了等多久，就会有野鸭从远处的水面上飞过来，这是只雄野鸭。它听见了雌野鸭的叫声，就向这边飞了过来。可它还没来得及飞到雌野鸭身边，就听见"噼啪"两声枪响，这只雄野鸭就掉到了水里。

这只野鸭囮子对自己的使命一清二楚，它不停地叫啊叫的，像给别人当狗腿子一样，吸引了很多雄野鸭，它们都从四周赶了过来。

可这些雄野鸭只看到了雌野鸭，却没注意水面上还有一只白色的划子停在冰块旁，划子里还有个披着白罩衫的猎人。猎人一枪接一枪地放着，各种不同的野鸭都落在了他的划子里。

一群群野鸭沿着海上长途飞行路线飞了过去。太阳掉到了大海里，已经看不见城市的面貌了，那里燃起了星星点点的灯火。

天黑了下来，不能再开枪了。猎人把野鸭囮子放回划子里，把船锚抛在冰块上，牢牢拴住。这样划子才能紧靠冰块，不至于被水浪打开。得想想今晚过夜的事情了。

起风了，天空布满了乌云，黑蒙蒙的，周围黑得伸手不见五指。

水上的房子

猎人在划子的两舷上安了个弧形木架子，然后撑开帐篷放到木架子上。接着他燃起气炉子，从马尔基佐夫湖里舀了一壶水坐在炉子上开始烧水。

开始下雨了，雨点噼里啪啦地打在帐篷上。不过猎人可不怕下雨，反正帐篷也不会漏雨。帐篷里干净又明亮，气炉子呼呼地冒着热气，就像火炉一样。猎人喝着热茶，吃过东西，又喂饱了助手雌野鸭，然后开始抽起烟来。

春天的夜晚总是短暂的。此刻，天边闪出一道明亮的白光。这道白

光慢慢变
长、变宽，乌云散
了，风停了，雨也住了。

　　猎人从帐篷里向外探了探
头，远处依稀可见黑黢黢的海岸。但是
却看不见城市的轮廓，也看不见城市的灯火了——原来，昨天晚上风把划
子连同冰块一起吹到大海里了。糟糕，这回得划上一段时间才能划回城里
了。幸亏这个大冰块夜里没和别的冰块撞到一起，否则划子准会被两个冰
块挤得粉碎，猎人自己也会被压成肉饼。

　　还是快点开始干正事儿吧。

真天鹅与假天鹅

　　野鸭园子开始拼命大叫起来。不过，此时还有一只雪白的天鹅和它一
起并排浮在水面上。天鹅没有叫，因为这是一只假天鹅。一只只野鸭飞了
过来，猎人又打了几枪。忽然，空中传来了一种声音，就像从远方传过来
的喇叭声："克鲁——鲁鸣，克鲁——鲁鸣，鲁鸣！"

　　嗖，嗖，嗖！响起了一阵拍翅膀的声音，一大群野鸭纷纷落在野鸭园
子旁。不过猎人都没正眼看它们。

　　他迅速灵敏地在猎枪里装好子弹，然后
合拢双手放到嘴边，吹起一种勾引野禽的声

音："克鲁——鲁鸣，克鲁——鲁鸣，鲁鸣，鲁鸣，鲁鸣！"

在云彩下面那高高的地方，出现了三个小黑点。小黑点渐渐变大了，喇叭似的叫声也越来越清晰，越来越大，越来越刺耳。

猎人不再跟着搭腔了，因为天鹅就在不远处叫着，怎么也学不像的。

现在可以看到，那是三只白天鹅。它们挥动着沉重的翅膀，飞到冰块附近向下落。阳光下，天鹅的翅膀闪闪发亮。天鹅越飞越低，稳稳地在空中盘旋着。这三只天鹅从上面看见了冰块旁的天鹅，它们以为这是它们的伙伴，它可能飞得筋疲力尽，或是受伤掉了队，所以它才呼唤它们。于是，它们向它飞了过来。

天鹅在空中不停地打着盘旋。

猎人一动不动地坐在那儿，只有眼睛牢牢地盯着三只天鹅。这三只巨大的白鸟伸长了脖子，一会儿接近他，一会儿又远离他。

又打了个盘旋。现在天鹅飞得很低很低，离划子也越来越近了。

砰——第一只天鹅的长脖子像根鞭子似的垂了下来。砰——第二只天鹅在空中翻了个跟头，重重地跌在冰块上。第三只猛地向上一冲，消失在茫茫天际中。

猎人难得有今天的运气。还是快点回家去吧。不过，这会儿要想划着划子回城里，可有点儿困难。

马尔基佐夫湖周围不知何时被浓雾笼罩起来，十步以外什么都看不见。

市区里隐隐约约地传来了汽笛声，一会儿在这边，一会儿又在那边，简直把人弄糊涂了，猎人不知道该往哪边划。

有薄冰撞到了划子上，发出微小的玻璃破碎的声音。细碎如"雪糕"般的冰碴在船头沙沙响着。可是，现在怎么能快划呢？万一撞到结实的大冰块上，那可怎么办？到了那时，划子就会被打翻，一下沉到水底去。

市售天鹅

在安德列耶夫市场上，人们好奇地看着两只雪白的大鸟。这两只大鸟倒挂在猎人肩上，嘴巴都快碰到地了。

孩子们围着猎人，七嘴八舌地问了起来：

"叔叔，这鸟是从哪儿打来的？我们这里也有这种鸟吗？"

"它们是要往北飞，要到那里去做窝。"猎人回答。

"嗯，它们的窝一定很大吧。"

主妇们关心的却不是这些：

"请问，这种鸟能吃吗？它们没有那股鱼腥气吧？"

猎人嘴里回答着他们的问话，耳畔却还回响着天鹅那喇叭一样的叫声，野鸭快速扇动翅膀时的嗖嗖声，薄冰撞到划子上发出的玻璃破碎声。

上面说的事情，是从前的事情。

现在在列宁格勒省，严禁打天鹅。如果有人打死了天鹅，就会受罚，而且罚款数目还不小呢。至于野鸭，在马尔基佐夫湖上，人们依然还在打，因为野鸭多得很呢。

 名家点拨

通过作者的介绍，读者又可以了解了另一种捕猎方式——用圈子引诱其他同类。这一招虽说不太地道，但是却很有效。

打靶场

射箭要射中靶子！

答案要对准题目！

第2次竞赛

1. 身穿黑衣，蛮不讲理；换上红衣，服帖无比。（谜语）

2. 最早出现的食用蕈是哪种蕈？

3. 秃鼻乌鸦为什么会在田地里跟在耕地的农民后面走？

4. 喜鹊的窝和乌鸦的窝有什么不同？

5. 哪种蜘蛛的名字叫"流浪汉"？

6. 哪种燕子先飞到我们这边来，是雨燕还是家燕？

7. 如果没有那么多的人造椋鸟房，那么椋鸟会在什么地方筑巢？

8. 为什么椋鸟和寒鸦可以在牛、羊和马背上站着兜风？

9. 为什么家鸭和家鹅会在春天时突然开始忧伤地叫唤，看起来很不

样子？

10. 春天发大水时，哪些鸟最先遭殃？

11. 春天发大水时，禁止开枪打哪种鱼？

12. 鸟类和爬虫，谁更怕冷？

13. 下面画着两种鸟的翅膀。一种是住在森林里的鸟的翅膀，一种是住在野里的鸟的翅膀。它们分别属于哪种鸟呢？

14. 从前看，像锥子；从后看，像叉子；横着看看，又像个纺线锤子；背上披块蓝呢子，胸前挂块白帕子，说起话来啾啾啾。（谜语）

15. 没门环的大门一打开，没尾巴的小狗跑出来。（谜语）

16. 像头黑牛它不是牛，六条腿儿没蹄子。飞的时候阵阵吼，落地就是个挖土的好手。（谜语）

17. 一个害人精，五月出家门。非鱼非虾，不是飞禽，不是走兽。空中哼哼叫，歇下没声响。朝它打一下，马上流血命归阴。（谜语）

18. 一个往下浇，一个往里吞，一个往外钻。（谜语）

19. 不会地上跑，不会往上瞧，不会做个窝，却会生养无数小宝宝。（谜语）

20. 自己从来不吃一口饭，却管全世界的人吃饭。（谜语）

21. 一串小铃铛，开出一串大铃铛。（谜语）

22. 没有翅膀却会飞，没有脚掌却会跑，没有风帆却会飘。（谜语）

23. 身上有四个走路的家伙，两个顶撞的家伙，还有一个抽打的家伙。（谜语）

公告

"神眼"称号竞赛启事

想得到"神眼"的称号吗？那就仔细观察我们登在这期公告栏里的图画吧。同时你还要学会一套本领——根据公告里的鸟兽的侧面轮廓、脚印及其特征，辨别出这是什么鸟兽。这些鸟兽有森林里的、田野里的、水里的和空中的。

森林报编辑部

飞的是什么鸟？

空中总是飞着许多大鸟，你能辨认出它们都是什么鸟吗？

图1：这是一只大白鸟。它长着长长的脖子，翅膀靠后，尾巴很短，看不见脚，这是什么鸟呢？

图2： 第二只长得很像第一只鸟，不过比第一只小，脖子也更短，浑身灰蒙蒙的。这是什么鸟呢？

图3： 这只鸟的翅膀长在了中间，长长的脖子像根棍儿，后面两只脚也像根棍儿。这是什么鸟？

图4： 这只鸟的翅膀往下弯，脚在后面伸着像两根棍儿，头和脖子就像是安在背上的一个问号。这是什么鸟？

请大家报名

加入救护鸟兽协会，去救助被水淹的兔子、狐狸、松鼠、鼹鼠和其他陆栖的大小野兽。

凡是救助被水淹的动物的人，一律颁发"马查依老公公"奖章。

奖章是由少年科学家们自己制作的，是在厚纸圆圈上包上金色或银色的纸。

由少年自然科学家小组决定，把金奖章发给那些救助大兽（麋鹿、鹿等比狐狸大的野兽）的人，把银奖章发给那些救助小兽（兔子、松鼠、鼹鼠、刺猬等）的人。

准备住宅吧！

我们的小朋友，著名的灭虫健将——会唱歌的鸟儿，现在正在寻找孵小鸟的房子。

我们诚恳地请求读者去帮助这些鸟儿，给它们准备住宅。

如果树干上有枯枝脱落，就会留下一个小窝。此时，很容易把它挖得深一些，变成一个洞。在老树腐朽的树干上也很容易挖洞。山雀、朗鹟、鹟鸟和其他喜欢在树洞里做窝的小鸟——小猫头鹰和黑啄木鸟等，都很喜欢住在这种树洞里。

至于那些在矮树丛里做窝的小鸟，最好按照图上所示，把灌木的树枝扎成一束。

对于在浅树洞里做窝的灰鹟和红胸脯的欧鸲，要钉这样的树洞窝：

对于猫头鹰和寒鸦要钉这样的卧式树洞窝：

森林报·春

歌唱舞蹈月

5月21日到6月20日 太阳走进双子宫

（春季第3月）

No.3

一年：
12个月的太阳诗篇
——5月

5月了——开始唱歌吧！玩乐吧！直到现在，春天才开始郑重地做它的第三件事：给森林穿上衣服。

现在，森林里最快乐的月份——歌唱舞蹈月——开始了！

太阳凭借它的光和热战胜了冬季，完胜而归。它战胜了冬季的寒冷和黑暗。晚霞和朝霞开始握手，在我们北方，白夜开始了。生命夺回了大地和水，挺直了腰板。高大的树木披上了亮闪闪的绿衣服，这可是用新树叶缝制的。许许多多有翅膀的昆虫，都飞到了空中。每当黄昏来临，那些夜里不睡的蚊母鸟和敏捷的蝙蝠就都飞出来捕食它们。到了白天，家燕和雨燕就在空中飞翔；雕和鹰则在耕地和森林上空盘旋着；茶隼和云雀抖动着翅膀在田野上空飞来飞去，就像有一根线把它们的身子吊在云彩里似的。

没有铰链的大门打开了，里面的金翅住户——勤劳的蜜蜂飞出来了。大家都在欢唱着，做着游戏，跳着舞：琴鸡在地上，野鸭在水里，啄木鸟在树上，天上的绵羊——鹬则盘旋在森林上空。现在，借用诗人的话来说就是："在我们俄罗斯，每只鸟、每只兽都在欢唱。肺草从去年的败叶里钻出来，正在树林里闪着蓝光。"

　　5月里，天气既不凉也不热。白天有太阳，夜里却别提有多凉快了。5月，有时觉得树荫下简直就是天堂；有时又得给马铺上稻草，自己赶紧爬上火炕。

快活的5月

　　每只动物都想让别人看看自己有多勇敢，有多么灵巧、有力。现在在树林里很少能听到歌唱，也很少能看到跳舞了。所有的动物都觉得牙和嘴痒痒的：都想打架。结果，绒毛、兽毛和羽毛遍天飞。

　　已经是春天的最后一个月了，森林里所有的动物都在四处奔忙着。

　　夏天就快到了，随着它的来临，得开始为做窝和孵小鸟这些事操操心了。

　　村子里的人说："春天真想一直留在俄罗斯，待一辈子，可是一听到布谷鸟的叫声、莺的啼鸣，它就一下倒在夏的怀抱里了。"

森林中的大事

名家导读

作者在本章讲述了各种动物的舞蹈以及最后一批返乡大军。同时，还将4月的"林中大战"未能继续的战争做了个连载和终结。如果读者此时已经对4月的"林中大战"印象不太深了，可以先回顾一下，再来读本章的"林中大战"。在这一章里，鸟类的窝也已经做完，开始入住。

林中乐队

这个月，莺开始不分白天黑夜地唱起歌来，它老是尖声叫着，啼啭着。

孩子们都很奇怪：它什么时候睡觉呢？原来，春天里的鸟可没工夫睡大觉，每次它都只睡一小会儿：它唱一阵，打个盹儿，醒来后再唱一阵。

清晨和黄昏时分，不只是鸟，森林里的所有动物都在放声歌唱；它们都有自己的曲子和乐器，也都有自己的唱法。在森林里你可以听到清脆的独唱、拉提琴、打鼓和吹笛，你还可以听到吠声、嗥叫声、咳嗽声、呻吟声，听到吱吱声、嗡嗡声、呱呱声、咕嘟声。

燕雀、莺和歌声婉转的鸫鸟，声音清脆、纯净。甲虫和蚱蜢吱吱嘎嘎地拉着提琴。啄木鸟打着鼓。黄鸟和小巧的白眉鸫，尖声尖气地吹着笛子。

狐狸和白山鹑叫着。牝鹿咳嗽着。狼嗥叫着。猫头鹰哼哼唧唧。丸花蜂和蜜蜂嗡嗡叫着。青蛙叽叽呱呱乱吵一通。

那些没有一副好嗓子的动物，此时一点儿也不会觉得难为情，它们都

会根据自己的爱好选择乐器。

啄木鸟会去找能发出响声的枯枝，作为它们的鼓。而它们结实的嘴巴，就是鼓槌。天牛的脖子一晃动起来就嘎吱嘎吱直响，活像一把小提琴在演奏。

蚱蜢则用小爪子抓抓翅膀：它们的小爪子上有小钩子，翅膀上有锯齿。火红的麻鹭把长嘴巴伸到水里使劲儿一吹，水就发出"咕噜咕噜"的声音，整个湖里顿时响起一阵喧腾声，就像牛叫一样。

沙锥更具想象力，它竟然把尾巴当成了乐器：只见它一个翻身冲入云霄，然后散开尾巴，头向下直冲下来。它那散开的尾巴兜着风，发出"咩咩"声，就像森林上空有一只羊羔在叫似的。

客 人

阅读理解
草本植物，有毒，生长在山坡和河岸草地上。

在乔木和灌木丛下，顶冰花那金星似的小花钻出了地面，它们长得都不高。当这些花刚刚冒出来的时候，森林里的树木都还是光秃秃的，阳光还没被树叶遮住，可以直射地面。就在这样的阳光下，顶冰花开花了。旁边的紫堇也开花了。

紫堇浑身上下都挺好看：茎的顶端开着一束束淡紫色的小花，小茎长长的；那青灰色的叶子，边缘长着一个个小锯齿。

现在，顶冰花和它的朋友紫堇已经过了自己的繁盛时期。此时，树荫开始变浓，遮挡住了它们；不过，顶冰花和紫堇已经做好了"回家"的充足准备。这些花的家在地底下，它们到地面上开花，只不过是来做客的。当它们刚一播下种子，就消失得无影无踪了。但在深深的地底下，它们那小小的球茎和圆圆的小块茎却将要休息整个夏天、秋天和冬天。

如果你想往自己家里移植它们，那就要趁它们的花朵还没开始凋谢时，马上把它们挖出来。挖的时候一定要小心。这些小植物的白色地下茎，有时会长得相当长呢。

在土冻得比较厚的地方，这些小客人的球茎和块茎，都躺在离地面很远的地方；而在暖和的、地面覆盖着东西的地方，这些小家伙们就离地面比较近。

田野里的声音

我和一个同伴到田里去除草。我们静悄悄地走着，一只鹌鹑在草丛里冲我们说："去除草吧！去除草吧！去除草吧！"我对它说："我们现在就是去除草的。"

我们从一个池塘边走过。这时，池塘里的两只青蛙从水面探出头，鼓着耳后的鼓膜，一个劲儿地叫着。一个说："傻瓜！傻瓜！"另一个则回答："你傻瓜！你傻瓜！"

我们来到了田边。几只圆翅膀的田凫在我们头顶扑扇着翅膀欢迎我们，嘴里还问着："是谁？是谁？"

我们回答道："我们是从克拉斯诺亚尔斯克村来的。"

森林通讯员／库罗奇金

鱼的声音

无线电收音机正在广播录音带，是记录水底声音的。只听扩音器里传来一些从没有人听过的声音：喑哑的啾啾声、嘎嘎吱吱的尖叫声、不知是谁的呻吟和哼唧声、某种特殊的咯咯声，中间突然夹杂了一阵震耳的唧唧声，这声音之大把屋里的人声都盖过去了。原来，这是黑海里各种鱼类发出的声音。

现在，由于有了水底音响收听装置——灵敏的水底"耳朵"，人们这才知道水底世界原来不是一点儿声音也没有的，那些鱼也根本不是哑巴。这一发现的实际意义很大：有了水底测音机的帮助，人们就可以探知在哪些地方聚集着贵重的鱼类。这样一来，再也不用瞎碰运气、盲目地出海捕鱼了，人们可以在知道鱼类的确切位置后再出发去捕捞它们。

天然屋顶

阅读理解

一种水果，果实有红色、金色和黑色，味道酸甜，树干上长有倒钩刺。

花粉是花朵里较弱的东西了。因为只要花粉一被打湿，它就会坏掉。对花粉来说，雨水和露水都是有害的。那么，花粉该怎么保护自己不被雨露淋湿呢？

铃兰、覆盆子、越橘的小花，像个小铃铛一样倒挂在茎上，所以，它们的花粉都藏在"屋顶"上。金梅草的花是朝天开放的，上面的每一片花瓣，都像匙子似的向内弯，一层花瓣压着一层花瓣，形成了一个蓬蓬松松、四面没缝儿的小球。如果有雨水落到花上，那么一滴都不会流进里面的花粉上的。

凤仙花现在刚刚探出花苞，还没开放。它的每个花蕾都躲在叶子下。这真是很奇妙呀：花梗就架在叶柄上，这就让花一直开在叶子下，不偏不倚，就像躲在屋顶下一样。

野蔷薇花的雄蕊很多，每每遇到下雨的时候，它就会闭拢花瓣。在遇到刮风下雨的时候，莲花也会闭拢花瓣。

森林之夜

一位森林通讯员写信给我们说："我夜里去了森林，听到了森林夜里的声音。我听见了各种声音，可具体都是属于什么动物的，我不知道。这叫我怎么给《森林报》描写夜森林呢？"

我们是这样回复他的："你就把你听到的各种声音描写出来，我们会想法子弄明白的。"

后来，他果真寄了这样一封信给我们编辑部：

"说实在的，我在夜森林听到的声音乱七八糟的，和你们在报上描述的什么乐队一点儿都不像。

"鸟声渐渐小了，静了下来。终于，周围都安静下来了。这是半夜了。后来，从高处的某个地方传来一种低沉的琴弦声。一开始声音不大，后来却越来越响，最后终于成了一种宏大的低音；接着，声音又慢慢变小，最后完全听不见了。

"我想：'如果这是前奏曲，那还不算坏。虽然这只是一根单弦，可也算是开了个场。'忽然，一阵狂笑声从森林里传出来，'哈——哈——哈！呵——呵——呵！'这声音真是可怕，让人感觉像是有群蚂蚁从脊背上爬过似的。

"我想：'这哪是夸奖音乐家呢？怕是在笑话他吧！'

"又静了下来。静了很久。我想，不会再有什么声音了吧？

"后来，我听到有人在给留声机上发条，一个劲儿地上，可就是不见有音乐传出来。我想：'难不成它们的留声机坏掉了？'

"不再上发条了，周围寂静无声。后来又开始上起发条了：特尔尔，特尔尔，特尔尔！一直没有要停下来的意思，真是讨厌。

"好不容易上好发条了。我想：'这下该上唱片了吧，马上就能听到音乐了。'忽然间，有人又拍起巴掌来。掌声热烈、响亮。

"我想：'这是怎么一回事？还没开始演奏就有人鼓掌了？'

"这些就是我听到的声音。后来，又开始给留声机上发条，上了好半天，可什么音乐也没放出来。但是又有人鼓掌。我一生气，就回

家了。"

其实，我们的通讯员不该那么生气。他一开始听见的像低音琴弦似的嗡嗡声，其实是一种甲虫发出的，可能是一只金龟子从他头上飞过。

那怪吓人的哈哈笑声，是大猫头鹰——灰林鸮（xiāo）发出的声音。

它的声音确实很让人讨厌，可是你又能拿它怎么办呢？

"特尔尔，特尔尔，特尔尔，特尔尔"，那不是给留声机上发条的声音，而是蚊母鸟的声音。蚊母鸟只有夜间才出来，但它并不是猛禽。蚊母鸟当然不可能给什么留声机上发条，那是从它喉咙里发出的声音，它还以为自己是在唱歌呢！

至于拍巴掌的，那也是蚊母鸟。不过它并不是用手拍的，它是用翅膀在空中呱呱呱地拍。那声音和拍掌声很像。它为什么这么做呢？

也许它就是心里高兴，拍着玩的吧！

游戏和舞蹈

灰鹤正在沼泽地上开舞会。它们围成一个圆圈，然后有一只或两只灰鹤先走到场地当中来，舞会也就开始了。

一开始还没什么，就是用两条长腿蹦高呗。到后来，它们越跳越上劲：简直是大跳特跳起来。那些怪里怪气的花步子，真能笑死个人。比如转圈呀、蹿跳呀、打矮步呀——活像是在踩着高跷跳俄罗斯舞。而那些四周站着的灰鹤，也跟着一下一下挥着翅膀打拍子。

那么猛禽呢？它们正在空中做游戏和跳舞。

这里面属游隼（sǔn）的舞蹈最出色。它们一直飞到白云下，在那里展示它们的活力。有时，它们会突然收拢翅膀，从那高得让人眼晕的高空里，像颗石子似的飞下来，眼看就要冲到地面上了，才展开翅膀，打个盘旋，重新飞上天。有时，它们会突然在空中翻起跟头，就像一个小丑突然从天而降，一路翻着跟头向地面俯冲下来，边回旋，边拍打着翅膀。

最后一批飞回来的鸟

春天就要过去了。最后一批在南方过冬的鸟，终于飞到列宁格勒省来了。正如我们所想的那样，这些鸟都穿着最最艳丽、华美的衣服。

现在，草场上的花都盛开了，乔木和灌木丛也都长满了新叶。鸟儿们可以从容地躲避猛禽的袭击了。

在彼得宫里的小河上，曾经有人见过翠鸟。它身披翠绿、棕色和浅蓝相间的大礼服，千里迢迢从埃及赶了过来。

金黄色的金莺展开黑翅膀在森林里叫着，那声音就像是在吹横笛，又像是一只瘟瘟的猫在叫。它们是从南美洲赶回来的。

蓝胸脯的小川驹鸟和羽色斑斓的野鹟开始出现在潮湿的灌木丛里。长着粉红胸脯的鹝（jú）鸟，脖子上挂着蓬松蓬松的羽毛领子的五彩流苏鹬，还有蓝绿相间的佛法僧鸟也都飞回来了。

秧鸡徒步走来了

长着翅膀的怪家伙——秧鸡，从非洲走回来了。秧鸡很难飞快。

不过，秧鸡的奔跑速度可是没说的，它们还很会在草丛里躲藏。所以，这些家伙们宁可徒步走过整个欧洲，在草场和灌木丛间静悄悄地前行。只有到了非飞不可时，它们才会展开双翅，而且也只有在夜里才飞。

现在，秧鸡到了我们这儿，就在高高的草丛里整天叫唤：

"克列克——克列克！克列克——克列克！"

没错，你能听见它的叫声，可是如果你想在草丛里找出它们，想仔细看看它们长什么样儿，那你可办不到。不信，你就试试吧！

有哭有笑

这个季节，整个森林都是快活的，只有白桦树哭了。太阳炙烤着大地，白桦树身

体里的树液加快了流动，后来就从树皮的孔里流到了外面。

人们把白桦树流到外面的树液当成了饮料，因为它好喝又对身体有好处，所以，人们不等白桦树自己流出树液，就割开树皮，让树液流到瓶子里。

如果白桦树身体的大部分树液都流出来的话，它就会干枯、死掉，因为这树液就和人类的血液一样啊！

松鼠吃荤

松鼠吃了一冬的素。春天到了，它可以开荤了。许多鸟这时已经做好了窝，生了蛋。还有的鸟甚至已经孵出了小鸟。

这对松鼠来说可是好事，它在树枝和树洞里找鸟窝，拿偷来的小鸟和鸟蛋当饭吃。在破坏鸟窝这件事上，可爱的松鼠和那些猛禽不相上下。

我们的兰花

在我们这儿，有几种兰花的根很特殊，活像一只胖乎乎的小手，还张着五个手指头。兰花是真香啊！不管什么兰花，香味都能让人沉醉。

就在最近几天，我才在罗普萨头一回看见兰花里最出色的一种。我从来都没见过这种植物，上面有五朵美丽的大花。我刚把一朵花朝上翻过来，就马上缩回了手，因为花上有一只红褐色的怪苍蝇。我拿麦穗拍了拍它，它一动不动。我再仔细一瞧，哟，原来这不是苍蝇。它的身子有如天鹅绒般柔滑，上面还点缀着浅蓝色小点点，上面还长着毛茸茸的短翅膀，有头和一对触须。它是花的一部分。这种花的名字叫蝇头兰。

去找浆果吧！

草莓熟了。在朝阳的地方，有时可以看见已经成熟的红色的草莓浆果。成熟的草莓是多么甜，多么香啊！让你吃过以后，久久不能忘记。

覆盆子也成熟了。沼泽地上的桑悬钩子也快要熟了。覆盆子的枝上有很多浆果，而每棵草莓上却至多只有五个浆果。这里数桑悬钩子最小气了，茎端上只有一个浆果，就这一个浆果还不是每棵桑悬钩子上都有的。有的桑悬钩子只开花，不结果。

这是什么甲虫

我找到一只甲虫，我不知道它叫什么名字，也不知道该怎么喂它。

这只甲虫长得很像瓢虫，不过瓢虫是红色带点白点子，它却是浑身乌黑。它的身子圆圆的，只比豌豆大一点儿，有六只脚，还会飞。这只甲虫背上长着两片黑色的硬翅膀，硬翅膀下还有黄色的软翅膀。它抬起黑翅膀，展开黄翅膀，就飞起来了。

让人觉得有意思的是，不管遇到什么危险的事儿，它都会把小爪子藏在肚皮底下，然后把触须和头缩进去。这时你把它拿在手里看看，再也不会说它是甲虫了。它就像是一粒黑色的水果糖。不过，过了一会儿，见没人碰它了，它就会先把六只小脚伸出来，然后探出头，最后伸出触须。

我恳切地要求您回答我：这是什么甲虫？

你们的小读者柳霞（12岁）

编辑部的解释

你把这只小甲虫写得很细，所以我们马上就知道它叫什么名字了。它是阎魔虫，也叫小龟虫。阎魔虫像乌龟一样爬得很慢。它也会像乌龟那样，把头脚都缩到壳里。它的甲壳很深，可以把头、脚、触须都缩到里面藏起来。

阎魔虫有很多种类：有黑的，也有其他颜色的。它们都以吃腐烂的植物和厩粪为生。

有一种黄色的阎魔虫，浑身长满了细毛，住在蚂蚁洞里。它想上哪儿就去哪儿，最后又回到蚂蚁洞里。蚂蚁并不会去打扰它。蚂蚁保护自己的蚂蚁洞，也保护它们的房客——阎魔虫，以免它受到仇敌的侵害。

名家点拨

森林里热闹起来，夜里，各种声音此起彼伏，作者运用了较多的象声词和叠词，让动物的叫声更加形象。在这一章里，读者可以知道：原来有的鸟是徒步返乡的；松鼠也是吃荤的。

少年科学家的观察日记

名家导读 ✳ ✿

    这一章作者主要向我们介绍了燕子筑巢的过程。燕子筑巢的过程并不顺利，它遇到了意想不到的危机。那么燕子到底是怎么筑巢的？它又遇到了什么样的危机呢？

燕子窝

5月28日

    我房间的窗子正对着邻居家的屋檐下，我看到有一对燕子开始做窝了。我很高兴，这回我终于可以亲眼看看燕子建筑房屋的整个过程了。

    我仔细观察着小燕子，看它们是从哪里衔来建筑材料的。它们飞到河边，

用嘴衔起一小块河泥，然后飞回小房子。两只
燕子轮流去河边衔泥，把泥粘在屋檐下的墙上。
它们急匆匆地把泥粘上后，又赶着去衔第二块。

5月29日

糟了，原来不光我一个人对这个新建筑工程感到高兴，隔壁一只大雄
猫今天早晨也爬上了屋顶。这只猫是个粗野的流浪汉，浑身的毛这一片那
一片的，眼睛也因为和别的猫打架被打瞎了。

这只猫老是直盯盯地瞅着飞来的燕子，它还偷偷地向屋檐下看了好几
次，查看窝是否做好了。

燕子发出了惊慌的叫声。可猫待在屋顶上就是不走，于是它们就停工
了，不再继续做窝了。难道它们要离开这里，再也不回来了吗？

6月3日

这几天，燕子已经做好了窝的底部，就像一把镰刀似的。那只大雄猫
还是经常爬到屋顶上吓唬它们，不让它们好好工作。今天午后，燕子干脆
就没飞来过。看来，它们真的是打算放弃这里了。

真是太不顺心了！真是太不顺心了！

6月19日

近几天一直很热。邻家屋檐下，那个用黑泥做成的镰刀似的窝基已经
干了，变得灰突突的。燕子一次也没来。白天乌云密布，下起了白花花的
雨。窗外就像是挂起一条玻璃条儿做成的帘子似的。大街上，一股股雨水
如小河一般奔流着。河水泛滥，水位疯涨，哗啦啦不停地流着水；沿岸的
稀泥，一脚踩下去，都快没到膝盖了。

一直到黄昏，这场大雨才算停下来。一只燕子飞到了邻家屋檐下。它
落到镰刀似的窝基上，紧贴着屋檐站了一会儿，又飞走了。

我想："兴许燕子并不是被那只猫吓走的。它们是因为找不到做窝的
湿泥吧，也许它们过几天还会回来的。"

▶ 109

6月20日

飞回来啦！飞回来啦！还不是一对呢，是一大群！燕子们就在屋顶上下盘旋着，看着屋顶激动地叫着，好像是在争论着什么。

它们商量了大约有10分钟，后来就都飞走了，只有一只留了下来。留下的这只燕子用脚爪牢牢地抓着镰刀似的窝基，在那里一动不动。

我相信这只雌燕子是这个窝的女主人。过了一会儿，雄燕子回来了。它嘴里衔着一团泥，嘴对嘴把泥传给雌燕子。雌燕子继续做窝，雄燕子继续飞回去衔泥。

大雄猫又爬到屋顶上来了，可这次燕子不怕它了，一点儿声都没出，只顾继续干活，一直干到了日落。

看来，我总算能看到一个燕子窝了！希望大雄猫的脚爪够不到它才好。不过，燕子也应该知道自己把窝建到了什么地方吧！

森林通讯员／维利卡

名家点拨

燕子经历了一番努力，克服了一系列的困难，终于建好了自己的巢。尽管大雄猫仍然在找机会侵犯燕子，但燕子终归是有一个家了。

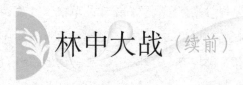

林中大战 (续前)

名家导读 ✳ ❀

伐木场里渐渐变得春意盎然了，可是看似平静的伐木场，却隐藏着一场无法避免的战争。为了争夺地下水，云杉与野草展开了激烈的争夺战。这场战争还没有结束，白杨和白桦也来凑热闹了。那么战争的结果会如何呢？

曾经，住在伐木场上的特约通讯员写信告诉我们，他们一直等着伐木场那里会变得绿意盎然，等着那里会长出一片小云杉来。

这是真的。在下过了几场温暖的春雨后，一个晴朗的早晨，伐木场变绿了。不过，从土里钻出来的根本就不是小云杉！不知从哪儿来的野蛮的草种族，竟然抢先钻出了地面。那是些莎草和拂子茅。它们长势很快，长得也很密集。不管小云杉们怎么努力从土里往外钻，它们还是晚了一步——伐木场已经被草种族占领了。

第一场大战开始了！小云杉的树梢就像锋利的矛枪似的，它们就用这树梢拨开盖在头上的密密麻麻的草。野草大军却也不肯退让，它们拼命压住小树。地上和地下都在大战。

野草和树苗的根，乱七八糟地缠在一起，就像凶恶的鼹鼠一样在地下乱钻。你掐我，我勒你，你缠我，我又绕着你，都为了那

营养丰富、充满了盐分的地下水。许许多多的小云杉终于还是没能见到阳光，在地下就被草根给勒死了，柔韧结实的草根，就像根细铁丝一样。那些好不容易钻出来的小云杉，刚出地面就被草茎一把死死抱住了。只是在个别地方，有几棵小云杉幸运地钻出来，加入到野草大军中来了。

当伐木场上正打得如火如荼的时候，河对岸的白桦树才刚刚开花。可是，白杨却已经做好了远行的准备了——它们要到河对岸去旅行。

白杨们张开柔荑花序。马上，从每一个柔荑花序里，都飞出了几百个肩扛白色刷毛的小种子——独脚小伞兵，每个小伞兵头上都有一顶白色小降落伞。

风高兴地抓起这些小伞兵上的那撮刷毛，把它们带在身边。它们随着风转呀转的，比绒毛都轻，就像一朵白云似的飘过了河。到了河对岸，风扬扬手，均匀地把它们撒到了整个伐木场上，一直撒到了云杉国的边境。

独脚小伞兵们如雪花般落在小云杉和野草头上。刚下了一场雨，它们就被冲到了地下，埋到了泥土里。

一天天过去了。伐木场上的战争还在继续。现在已经能看出来野草再也无法和小云杉抗衡了。野草拼命挺直身躯，往高长，可是没过多久，它们就不长了。小云杉却还继续生长着。

接下来，野草大军的日子就难过了。小云杉们伸出它们又大又晦暗的针叶树枝，盖在野草头上，不让野草见到阳光。树荫下，野草变得越来越虚弱了，都软趴趴地倒伏在地上。

但是，这时土里钻出了另外一队大军——小白杨们。它们是簇拥着来到这个世界上的，各个惊慌失措地，拥挤在一起，浑身上下抖个不停。

云杉挥舞开自己黑黝黝的针叶，伸到了小白杨们的头上，小白杨马上缩起了身子。树荫下，小白杨们渐渐开始枯萎了。

这时，又有一群新的敌国伞兵，在伐木场上登陆了。这些伞兵们乘着两只翅膀的滑翔机登陆了。它们刚一过来，也躲到泥土里去了。它们是白桦树的种子。它们打打闹闹着飞过了河，散布在整个伐木场上。

它们能不能打败第一批占领军——云杉呢？我们的特派员现在还不知道答案。在下一期《森林报》上，我们将继续刊载关于它们的报道。

名家点拨

森林里每分钟都在发生着精彩的故事。云杉在经历了一番激烈的争战之后，终于成功地争取到了自己的生存空间。现在，林中能安静一会儿了吧？

集体农庄生活

名家导读 ✱ ✿

　　这一章，作者又讲起了农庄生活。此时，农庄已播种完毕。可是人们还是闲不下来，还有好多事要做呢。像运肥啦、施肥啦、准备秋播啦、栽马铃薯啦……总之，活计是没完没了的。不过孩子们也开始帮助大人干活了。

农庄的生活

　　集体农庄的庄员们有不少事儿要做呢：播种完后，要把厩粪和化肥运到田里，施好化肥，准备今年的秋播地。接下来，就得忙着菜园里的活计了：第一件事就是栽马铃薯，然后把胡萝卜、芜菁和甘蓝种上。这时，亚麻就该长起来了，也该给它们除草了。

　　家里的孩子们也都不闲着。在田里、菜园里、果园里，他们可是大人的好帮手。他们可以帮大人栽种、除草、给果树剪枝。集体农庄里的工作多着哪！他们要把一年用的白桦帚都编结出来，还要拔嫩荨麻。嫩荨麻可以用来做菜汤：用嫩荨麻和酸模做的绿色菜汤可好吃了。他们还会捕鱼：用钓鱼竿钓小鲤鱼、斜齿鳊、铜色鲑鱼、鲫鱼、鲈鱼、鳊鱼，等等；布下鱼簖和鱼梁捕鳕鱼和小梭鱼；用鱼饵捉鳜鱼、梭鱼和鳕鱼。

阅读理解
这是苏联人的洗澡用具。他们把白桦树的树枝连枝带叶扎成一束，洗澡的时候就用这个蘸着热水往身上拍打。

晚上，孩子们就用捞网捕捞各种鱼（用一根长竿子，一端安个网框子，框子上再装上一个袋形的网——这就是捞网）。

夜里，他们就在岸边把捉龙虾的簖布好，围坐在篝火旁。等到簖上的龙虾多了，再去捉。在等着的时候，大家会讲各种各样的故事，讲滑稽故事，讲恐怖故事。

早上，再也不会听到田公鸡——灰山鹑在庄稼地里的叫声了。秋天种的黑麦已经长到了齐腰深，春天种的庄稼也长起来了。

田公鸡还住在老地方，可是它已经不能再叫了：窝就在它旁边，里面有蛋，雌山鹑正在窝里孵蛋。现在，雄山鹑一声不响，它不能叫，叫声会带来灾祸的：或者会把大鹰引过来，或者会把孩子们引来，再或者会把狐狸招来——这些家伙可全都是捣毁窝的能手呀！

我们帮助大人

刚一放假，我们少先小队就开始到田里给庄员们帮忙了。我们在田里除草、扑灭害虫。

我们又能休息又能工作，这个办法真好。

以后还会有更多的工作，还有很多事儿都要操心。过不久就要收割庄稼了。我们还要过来拾麦穗，帮女庄员捆麦子。

森林通讯员／安娜

新森林

在俄罗斯联邦的中部和北部地区，春季造林工作已经结束了。新森林大约有10万公顷。

在苏联欧洲部分的草原地带和森林草原地带，今年春天，集体农庄新开辟了大约25万公顷的新防护林。

同时，集体农庄还建起了一大批苗圃，计划明年给这里供应包括各种乔木和灌木在内的10亿多棵树苗。

到了秋天，俄罗斯联邦农场还要新造几万公顷林呢！

 名家点拨

从这一章中，读者可以了解到5月的苏联，有些蔬菜开始栽种了，灰山鹑开始孵蛋了。春季造林结束了。农庄的生活一片欣欣向荣。

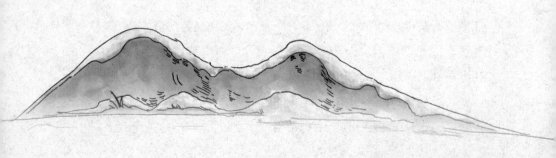

集体农庄新闻

名家导读

集体农庄里除了要忙田里的事情外，农场里也有自己的事。已经开花的植物，急需授粉，光靠昆虫是忙不过来的，人们开始给这些六条腿的劳动者帮忙啦！到底有哪些六条腿的劳动者呢？

助人的逆风

突击队员集体农庄收到寄自亚麻田的一份申诉书。小亚麻在申诉书里抱怨说，田里出现了敌人——杂草，它们都快没法活了。

集体农庄马上派出一批女庄员去帮助亚麻。她们严惩了敌人。女庄员们脱下鞋子，小心翼翼地光着脚走路，而且还总是顶风走。在女庄员的脚下，亚麻和杂草都向前倒伏了下去，但是逆风吹过，亚麻被托了起来。于是，亚麻又轻松地站着了，它们的敌人却被消灭掉了。

绵羊脱大衣了

在红星集体农庄的绵羊理发室里，10个有着丰富经验的剪毛工人正在给绵羊剪毛。他们那种剪法，可以把羊毛剪得非常干净，绵羊看起来是光秃秃的了。

绵羊妈妈剪完羊毛被牧羊人放回了羊群里，和小绵羊们在一起，可是，小绵羊们却不认得自己的妈妈了。

牧羊人帮每一只小绵羊都找到了妈妈，然后回到绵羊理发室去给下一批绵羊剪毛。

果园里的重要日子

果园里，草莓已经开过花了；一棵棵樱桃树上，开满了雪白的花；前几天，梨树上的花蕾也开了。再过几天，苹果树也要开花了。

在新生活集体农庄里

南方蔬菜——番茄秧昨天搬家了。它们搬到了池塘边。以前它们是住在温室里的。新邻居黄瓜秧也搬过来了。番茄是些体格健壮的少年，正准备着开花。黄瓜秧宝宝们都躺在自己的白封套里，只有鼻尖露在外面。土地妈妈细心呵护着这些孩子，保护它们不被贪吃的小鸟看见。黄瓜秧能不能快快长大，赶上番茄呢？

给六只脚的劳动者帮忙

只要一提和农业有关的昆虫，我们就会想起一大群可怕的敌人来，这些敌人身子虽小，却对庄稼危害十分大。可我们竟然忘记了，现在田里有多少六只脚的小朋友在帮我们干活儿呀！有多少长着翅膀和六只脚的昆虫（蜜蜂、丸花蜂、姬蜂、蝇类、蝴蝶）都在为黑麦、荞麦、大麻、苜蓿、向日葵等植物授粉呀！

有时候，这些小劳动者的人手不够，没法给所有的庄稼授粉。那时，我们就只好自己帮帮它们。我们拿来一根绳子，用它给黑麦、荞麦、大麻、苜蓿等植物授粉。两个人拉着一根长绳子，一人拉一头，在开花植物的梢头上拖过去，梢头就会被绳子压弯下来。花粉就会从花上落下来，随风飘散到整个田里，或者黏在绳子上，被带到其他花上去。给向日葵授粉的时候则用的是这样的方法：先用一小块兔子皮把花粉收集到一起，然后拿着这块兔子皮，把它扑到所有正在开花的向日葵花盘上。

名家点拨

从这一章的文字描述中，读者能深深地体会到作者对农庄里的家畜、植物都充满了爱。在提起这些事物时，字里行间无不透露着喜悦。

城市新闻

名家导读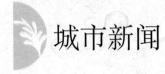

　　城市里来了一些客人，有驼鹿、红雀、胡瓜鱼、黑水鸡、蜻蜓……城市里也热闹起来了。乌苏里浣熊是怎么来到列宁格勒的？蝙蝠为什么能在漆黑一片的夜里避开障碍物呢？大风分为几级呢？

鸟说人话

　　有一位公民来到《森林报》编辑部，说：

　　"早晨，我在公园里散步。忽然，听到灌木丛里有谁用哨音问我'特利希卡，薇吉尔？'声音响亮，还一个劲儿地问。我四处看了看，没发现周围有人，只有一只浑身通红的小鸟在灌木丛里站着。我打量了它一下，心想'这是什么鸟呀？叫声这么清晰。它问我的特利希卡又是谁呢？'接着，它又开始问我那句话'特利希卡，薇吉尔？'我往灌木丛那里迈了一步，想上前看个清楚，可它却一溜烟地钻到灌木丛里逃得不见踪影了。"

　　这位公民看见的浑身通红的鸟，名叫红雀。红雀从印度飞过来，它发出的尖叫声，听起来真像是在问着什么。

深海里的来客

　　有很多鱼都是从海里游到河里去产卵。小鱼从卵里孵出来后，就再从河里游回海里。

　　只有一种鱼把鱼卵产在深海里，然后从深海里游回河里生活，这种奇怪的鱼就是小扁头。

　　你听过这么奇怪的名字吗？不过也难怪，因为这个名字只在它小时候，还住在海里时才这么叫。

　　那时，它还通体透明，连肚皮里的肠子都能看得见，身子扁扁的，就像一片叶子。等到它后来长大了，就变得像一条蛇了。

　　这时，人们才会想起它真正的名字——鳗鱼。

　　小扁头会在藻海里住上3年。第4年的时候，它们就变成了小鳗鱼，但是身体还像玻璃似的透明。

　　现在，这种玻璃样透明的鳗鱼，就成群结队、浩浩荡荡地游进了涅瓦河。

赶路的走过城郊

近几天，每天夜里，住在郊区的人都能听见一种断断续续的低啸声："弗喊——弗喊！弗喊——弗喊！"起初，这啸声从一条沟里传出来；接着，又从另一条沟里传出来。原来这是路过郊区的黑水鸡。黑水鸡和秧鸡是亲戚，因此和秧鸡一样，它是徒步走过全欧洲，走到我们这里来的。

活 云

6月11日，在列宁格勒市区的涅瓦河畔，有很多人在散步。天上没有云，很热。太阳炙烤着大地，房子和街道上的柏油路被晒得火热，人也被烤得快喘不上气了。孩子们在淘气。

忽然，从宽宽的河那边，升起了一大片灰色的云。

所有的人都停下脚步，看着这片云。这片云低飞着，紧挨着水面低飞着，眼看着它越来越大了。

终于，它把散步的人们都给围起来了。这时，大家才看清，原来这不是云，这是一大群蜻蜓。

一眨眼工夫，周围的一切就都变了样。

因为这里有这么多的小翅膀在扇动着，所以也带来了一席凉风。

孩子们不再淘气了，他们都兴奋地望着：阳光从彩色云母似的蜻蜓翅膀透过来，在空中形成一道彩虹似的美丽的光。

游人的脸也一下子变成彩色的了——他们脸上都有无数道小彩虹、日影和亮晶晶的星星在跳舞。

这一大片活云飕飕地响着，从河岸上空飞了过去，渐渐升高，然后飞过屋后看不见了。

这是一批刚出世的小蜻蜓，它们正结伙去找新家呢。至于它

阅读理解

这是一片会动的云？这片活云不仅勾住了文中人的心，也勾起了读者的好奇。

们是在哪儿孵出来的，又是要到哪儿去落脚，没有人知道。

像这样成群的蜻蜓，在各处都很常见。如果你看见了这样的蜻蜓群，可以注意一下它们是从哪儿来，又要飞到什么地方去。

列宁格勒省的新兽

近几年来，猎人们常在列宁格勒省叶菲莫夫和附近几个区的森林里，看见一种野兽，当地没有人认识它。它长得和狐狸差不多一般大。原来，它是乌苏里的浣熊狗，或者简称浣熊。

可它怎么会跑到这里呢？

答案很简单，是用火车运来的。

没错，火车运来了50多只浣熊，都放在我们省的森林里了。就10年工夫，它们繁殖迅速，后代众多，现在已经允许猎人去捕猎它们了。

乌苏里浣熊的毛皮非常珍贵。在列宁格勒省，人们整个冬天都可以捕猎浣熊，因为浣熊在这里并不冬眠。

阅读理解
浣熊进食前要将食物在水中浣洗，故名"浣熊"。

欧鼹

有些人觉得欧鼹是啮齿类动物，它们就像那些住在地底下的老鼠一样，会在地下乱刨洞，吃植物的根。其实，这是在污蔑欧鼹。因为鼹根本就不属于鼠类，与其说它长得像鼠，还不如说它更像一只穿着天鹅绒般柔软光滑的皮大衣的刺猬。鼹吃昆虫、金龟子和其他害虫的幼虫。因此，鼹对人类有益，而且它实际上也不危害植物。

　　不过，如果有人对鼹在他的花园或菜园里刨洞，把刨出的一堆堆泥土扔在花台或菜垄上，把花或者好吃的蔬菜给碰坏了，因此而感到生气的话，那他大可以在地上插一根长竿子，然后把一个小风车安在这个长竿子上。

　　每当刮风时，风车就会转动，长竿子也会跟着抖动。这样一来，下面的土地就会一起发颤，鼹洞里就不会安静，也会嗡嗡直响。所有的鼹就会被吓得四散奔逃了。

蝙蝠的音响探测针

　　一个夏夜，一只蝙蝠从开着的窗户飞进屋里。

阅读理解
作者在这里设下疑问，增强文章的吸引力。

　　"快赶走它！快赶走它！"女孩子吓坏了，都用围巾把头包住，纷纷大叫起来。一位秃头老爷爷嘴里嘟嘟囔囔地说："它是奔着屋里的灯光来的，你们包住头干吗？它也不会钻到你们的头发里！"

　　一直到几年前，科学家们还无法理解：蝙蝠为什么能在漆黑的夜里飞行而不会迷路？

　　科学家们做了这样的实验：蒙住蝙蝠的眼睛，堵上蝙蝠的鼻子，可是即使这样，蝙蝠还是能避开空中的障碍，就连屋里拴着的细线也绊不倒它。它灵活的身体可以避开"天罗地网"。

　　直到音响探测针被发明出来以后，这个谜

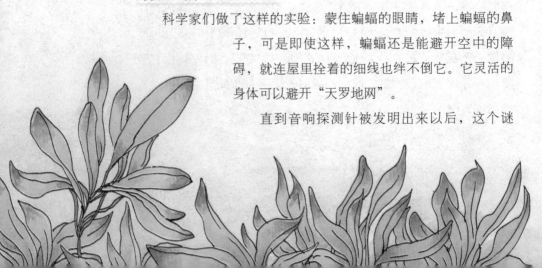

才被揭开。现在，科学家们可以确定，在飞行时，所有的蝙蝠都会用嘴发出一种超声波——一种人耳无法听见的、非常尖细的叫声。不管碰到什么障碍，这种超声波都会反射回来。蝙蝠的耳朵可以"接收到"这些反射回来的信号："前面有墙！"或者"有线！"或者"有蚊子！"只有女人那又细又长的头发不能很好地反射超声波。

秃头老爷爷当然不必担心，可女孩子们那头浓密的长发却的确会有可能被蝙蝠误以为是"窗子里的亮光"，而冲着其中的一个扑过去。

给风打分数

小时候的风是我们的朋友。

夏天，在酷热的中午，如果一丝风都没有，我们就会热得透不过气来。平静无风时，烟囱里的烟就会笔直飘到空中。如果此时空气的速度低于0.5米/秒，那么我们就感觉不到风，这时就给它打个零分。

微风的速度是1～1.5米/秒，或60米～90米/分，或是3.5千米/小时～5.5千米/小时。这也是人在步行前进时的速度，此时，烟囱里的风已经被风吹得往旁边歪了。我们也会觉得脸上有阵阵凉风拂过，觉得很舒适，不觉得闷。在这里，我们给风打1分。

轻风的速度是2米/秒～3米/秒，也就是120米/分～180米/分，或7千米/小时～11千米/小时。这相当于人奔跑的速度。此时，树叶会沙沙作响。在风的记分牌上，我们给它记2分。

软风的速度是4米/秒～5米/秒，也就是14.5千米/小时～18千米/小时。这相当于小马奔跑的速度。软风会把细树枝吹得左摇右摆，它还能高兴地推着纸船奔跑。在风的记分牌上，我们给它记3分。

气象学里的和风是这样的，它能使街道上的尘土扬起，它能激起海里

的波浪，它能摇动树木的粗枝。它的速度可以达到6米/秒～8米/秒。我们给它打4分。

疾风的速度，是9米/秒～10米/秒，或32千米/小时～36千米/小时。这大概相当于乌鸦的飞行速度。疾风可以使树梢摇摆喧腾，可以使森林里的细树干摇晃，在大海上可以涌起波浪。它能吹散蚊蚋。我们给它打5分。

大风已经可以用调皮捣蛋来形容了。它会使劲摇晃森林里的树木；从绳子上拽下晾着的衣服；从脑袋上扒下帽子；甚至会吹走排球，让打球的人打不好球。大风的速度就和速度为39千米～43千米的火车客车一样。幸亏气象学家是用12分制给风打分，如果像我们这种小学里采用的5分制，就不够用了。气象学家给大风打了整整的6分哪！

我们在后面的第八期《森林报》上登载了关于风的记事：在我们地区，秋天的风非常大。

名家点拨

会说话的鸟、深海来客、夜间行走的鸟、会飞的云、闭上眼也不会撞墙的蝙蝠，这一章作者讲述了太多的新奇事儿了，简直让人目不暇接。

狩 猎

名家导读 ◎ ✿

在前面讲述完列宁格勒地区的狩猎后，本章开始讲述北方的狩猎，
重点讲述了"塞索伊奇"的狩猎史。在通讯员看来，塞索伊奇是个顶有
本事的猎人。那头危害村里的熊就是他设下陷阱打死的。

我们苏联疆域辽阔。在列宁格勒附近，已经过了春天打猎的季节；
但是在北方，河水刚刚开始泛滥，正适合打猎。这时，会有很多热心的猎
人，去赶到北方打猎。

在泛滥地区荡起小船

天空中乌云密布，今夜，像秋夜一样的黑。

我和塞索伊奇两个人合乘一只小船，在林中小河里漂荡。这条河的两
岸又高又陡。我坐在船尾负责划桨，他坐在船头。

塞索伊奇是位猎人，他善打各种飞禽走兽。但他不喜欢钓鱼，甚至于
还瞧不起钓鱼的人。虽然他今天也是去捕鱼，可他还是改不了老毛病——
他觉得他是去"猎"鱼的，不是用鱼钩钓、用渔网捞，也不是用什么别的
渔具捕。

又高又陡的河岸过去了，前面是一片开阔的泛滥地区。有的地方，水
面露出了灌木丛的梢头。再往前走，只能看见一片模糊的树影。继续向前，

就到了森林里。森林就像一堵黑糊糊的墙。

夏天，在这里的一条小河和一个不大的湖之间，有一条窄窄的河岸，岸上长满了灌木。湖和河之间有一条窄窄的水道。不过，我们现在还不用找那条水道，这里的水现在很深，小船可以自由地在灌木丛里穿行。

船头上有一块铁板，上面堆着一些枯枝和引柴。

塞索伊奇擦亮一根火柴，点燃了篝火。

跳动着的篝火发出红黄色的光，在平静的河面上闪烁，照亮了小船旁边光秃秃的灌木的黑色细枝。

我们已经来到了湖里。我的眼前，出现了一个奇幻的世界。水底像是藏着一些巨人，他们都把身子埋进泥里，只有头露在外面，蓬乱的长发在水面上无声地飘动着。这是水藻还是草呢？

瞧，这是一个黑洞洞的深潭，水深无边，见不到底。不过，也许这里实际上一点儿也不深，因为篝火的光只能照到水下2米深。可是，如果向这黑洞洞的深潭里望望，就会觉得很可怕。谁知道这里面藏着什么东西呢？

一个银色的小球，缓缓地，从水底的黑暗里浮了上来，一开始很慢，后来越来越快，越来越大。

现在，它直接朝着我的眼睛过来了，眼看它就要跳出水面，打到我的脑门上来了，我不由把头缩了一下。这个球又变成了红色，冒出水面爆炸了。

原来，这只是个普通的沼气泡呀。

我就好像是坐在一个飞艇上，在一个陌生的星球飞行。

几个岛屿从下面滑过，上面长满了稠密、挺立的树木。那是芦苇吗？

一个黑黑的怪物，向我们伸出它那弯成钩的多节的手臂——是触须呀！这个怪物既像章鱼，又有点儿像乌贼。不过，它的触须更多一点儿，样子也更难看、可怕一点儿。这到底是什么呀？

阅读理解
这样的描写不由得让人紧张起来。

阅读理解
沼气泡里的气体主要成分是甲烷，因此沼气泡会爆炸。里面的甲烷来自水底的腐烂生物。

原来是一棵被水淹没的树，这只是个树根交错的白柳的残体呀！

塞索伊奇做了个动作，我不由得抬起眼睛。

他站在小船上，左手拾起鱼叉——他是个左撇子。他的眼睛直盯着水里，那个气宇轩昂的样子，真是威武极了，就像是一个长着络腮胡子的矮个军人，手中举起长矛，要刺死那跪在脚下的敌人。

鱼叉的柄长约2米，底下那头有5个闪闪发光的锯齿，上面还有倒钩。

篝火照亮了塞索伊奇的脸，他的脸变得通红通红，他朝我转过头，做了个奇怪的鬼脸。我把小船停住了。

猎人小心地把鱼叉没入水中。我朝下一看，水深处有一道笔直的黑色长条儿。一开始，我还以为那是根棍子，后来才看清那原来是大鱼的脊背。

塞索伊奇把鱼叉斜对着那条鱼，向水下慢慢伸去。然后，鱼叉不动了，人也僵着一动不动。

猛地，他又竖直鱼叉，用力刺进大鱼的黑脊背。

湖水翻腾起来，他把猎物拖出水底。这是一条大鲤鱼，足足有2千克重，正在鱼叉上拼命挣扎。

小船继续前进。过了一会儿，我又发现了一条不大的鲈鱼。这条鲈鱼把头伸进旁边的灌木丛里，在那儿一动不动，就像是在思考什么问题。

这条鲈鱼离水面很近，我都能看清它身上的黑条纹。

我看看塞索伊奇。他摇了摇头，意思是不要这条鱼。

我明白，他是嫌这条鱼太小。我们放过了它。

我们就这样继续向前划着。水底世界的迷人景色，在我眼前如电影般一幕幕闪过。直到猎人把水底的"野味"刺死了，我还舍不得挪开视线呢！

又是一条大鲤鱼、两条大鲈鱼、两条细鳞的金色鲤鱼，它们都从湖里进了我们的小船。黑夜即将过去。我们的船现在已经划到了田里。一根根燃烧着的枯枝和通红的木炭，掉在水中，发出嘶啦嘶啦的声音。偶尔，我能听见一两声野鸭拍打翅膀的声音，在头上呼呼地响着。在那片黥黑似小岛的小树林里，一只猫头鹰在轻轻叫着，好像在不停地告诉着什么人："斯普留！斯普留！"一只小水鸭在灌木丛后"叽哩叽哩"地叫着，声音动听。

我看见船前有一根短木头，就把船往旁边一拐，以免撞上它。就在这时，我突然听见塞索伊奇怒气冲冲地低声喝道：

"停！停！哟——梭鱼！"

他兴奋得连说话都带着哟哟声。

有根绳子拴在鱼叉顶端。他连忙把绳子绕到手上，仔细地瞄了半天，然后才小心翼翼地把武器插到了水里。他用尽全身力气向梭鱼刺去。受伤的梭鱼竟然拖着我们走了好一阵，幸亏鱼叉刺得深，它挣脱不了。

这条梭鱼足足有7千克重呢！

塞索伊奇好不容易把它提上了船。此时，天已经差不多大亮了。

"好啦！"塞索伊奇高兴地说，"现在，我来划船，你开枪。不要放过机会呀！"

他把烧剩的枯枝扔进水里，我们对换了一下在船上的位置。

薄雾很快就被凉风吹散了，天空也明朗起来。这个早晨美丽而又晴朗。

林边的树木罩上了一层绿色的薄雾，我们继续沿着林边前进。水里直直地伸出一些光滑的白树干和一些粗糙的黑云杉树干。抬头向远方望去，那些树林就好像是在空中飘浮着似的。往近看，眼前浮动着两个树林：一个林梢朝上，一个林梢朝下。水面如镜，微微荡起涟漪，水面上映出黑色的树影，风吹过，船划过，照碎了、摇散了无数的细树枝。

"预备！"塞索伊奇低声提醒我。

我们正沿着一片银光闪闪的水的"林中空地"，划到了桦树林边。在树梢光秃秃的树枝上，有些琴鸡栖息在那里。不过让人觉得奇怪的是，树枝这么细，怎么没被那些又大又重的鸟压断呢？

雄琴鸡体格壮实，小脑袋，长尾巴，尾巴尖上就像拖着两根辫子似的，被明亮的天空一衬，显得格外黑。淡黄色的雌琴鸡要显得更加朴素、轻巧一些。

在树丛里水面下，也有一排乌黑和淡黄相间的大鸟，它们脑袋朝下，在水面晃荡着。此时，我们离它们已经很近了。塞索伊奇轻轻划着桨，让小船沿着林边前进。为了避免惊到那些小心翼翼的鸟，我从容地端起了枪。

所有琴鸡都伸长脖子，转过小脑袋看着我们。它们肯定是觉得奇怪：水上漂着的是什么东西呀？它有危险吗？

鸟的思想很迟钝。现在，我们离最近的一只琴鸡只有50来步了。它不停地交换着两只脚缩上缩下，压得细细的树枝都弯了下来。为了保持身体平衡，这只琴鸡忙扑闪扑闪翅膀。

不过，它的伙伴们都待在那儿没动，于是，它也放心了，不动了。

我开了一枪。轰隆的枪声，在水面上四处荡漾开来，就像撞到了墙壁，引起一阵回声。

琴鸡那乌黑的身体，扑通一声掉到了水里，激起一片水花，水花被日光染成了七色彩虹。这群琴鸡都噼里啪啦地扑着翅膀，一下子从白桦树上飞走了。

我急忙向飞走的琴鸡射了一枪，没射中。

不过，早上就能打到这么一只羽毛紧密的美丽大鸟，难道还不知足吗？

"真是好收获！"塞索伊奇向我祝贺。

我们把湿淋淋、翅膀低垂的死琴鸡从水里捞了起来，然后不慌不忙地划船回家。

一群群野鸭，飞快地从水面上掠过；勾嘴鹬尖啸着；沿岸的琴鸡叫声更响了，也更欢了，那叽叽咕咕的声音，还有那气呼呼的"揪拂揪拂"声绵延不绝。太阳升到了树林上方。

云雀在田野上空鸣叫着。虽然我们一夜未睡，但一点儿也不觉得累。

诱饵

熊在我们这一带胡闹。不是听说某个集体农庄里有条小牛被咬死了，就是另一个农庄里有小马被咬死了。

塞索伊奇在会上说的话还是蛮有道理的。他说：

"咱们可不能就这样等着熊跑到咱们的牲口群里胡闹，我们应该想想办法。加甫利奇的小牛不是死了吗？把它交给我，我要用它做诱饵，把熊引出来。如果熊也来咱们这儿胡闹，在附近东张西望的话，那它就一定会被诱饵引出来。如果它不来，就算了；要是它来了，就别想碰咱们的牲口一下。我非要想法子治治它不可。"

在我们这里，塞索伊奇算是个顶有本事的猎人。

集体农庄把加甫利奇的死小牛交给塞索伊奇。塞索伊奇把死小牛装上车，运到树林里，然后把小牛翻个身放到一块空地上，让它头朝东躺着。头朝南或朝西的尸体，熊是不会去碰的。

塞索伊奇还用没剥皮的桦树枝，在死小牛周围围了一道矮矮的栅栏。离这道栅栏不远处，也就20几步远的地方，在两棵并排的树上搭了个棚子，那里离地约有2米高。这个用树干搭的平台，就是猎人夜里待着守候野兽的地方。

全部准备工作做完了。不过，塞索伊奇并没到树上的平台去，他要回家过夜。

一周过去了，他还是在家里睡觉。每天早晨，他都抽出一点儿时间，到木栅栏那儿看看，绕着它走一圈，再卷一根烟抽抽，接着他就回家了。

我们的庄员开始取笑起他来。小伙子们都对他挤眉弄眼：

"塞索伊奇，怎么样了？你每天睡在自家的热炕上，连梦都做得更香甜点儿吧？是不是你不愿在林里守着呀？"

可他这么回答："贼不来，光守着有什么用啊？也是白费劲儿。"

他们又说："小牛可是已经开始发臭了呀。"

他说："我还巴不得这样呢。"

塞索伊奇心里有数，他知道该怎么办。他知道，熊肯定早就开始围着牲口群打转了，这也不是一天两天的事了。只是它眼前就有个现成的死牲口，所以就不来捕活牲口了。

塞索伊奇知道熊已经闻到了死牛的臭味，这臭味闻起来很像人尸的臭味；猎人眼光敏锐，他就在放小牛的栅栏周围看到了熊留下来的脚爪印。熊之所以没动死小牛，可能是因为它还不饿，它要等小牛发出更刺激的尸臭来，这样吃起来更有滋味。这种毛发乱蓬蓬的野兽就是有这样的胃口。

死小牛已经在树林里躺了一周了。塞索伊奇还是在家里过夜。

最后，他根据栅栏边的脚印，判断出熊一定已经爬过了栅栏，从牛尸体上啃掉了一大块肉。

就在这天晚上，塞索伊奇背着枪去了树林，爬上了树上的平台。

夜里，树林里静悄悄的。野兽睡了，鸟儿也睡了。

但，并不是所有的鸟儿都睡了，猫头鹰还没睡。它扑着毛茸茸的翅膀，从树林里无声地飞过。它要在草里找寻那窸窣作响的野鼠。刺猬也在树林里走来走去，它要找青蛙。兔子在喀嚓喀嚓地啃着白杨的苦树皮。一只獾在土里找寻着熟悉的细植物根。就在这时，熊来了。它悄悄地走到了死小牛旁边。塞索伊奇此时已经困得睁不开眼了。平时这个时候，他总是睡得很香。现在他直打瞌睡。

忽然，什么东西发出喀嚓一声响，他打了个冷战。虽然天上没有月亮，可是北方的夏夜，即使没有月亮也能看清。此时，可以清清楚楚地看到，在那白花花的白桦树栅栏上，趴着一只黑糊糊的野兽。

熊旁若无人地大声咀嚼着，

享用他人款待的菜肴。

　　"且慢。"塞索伊奇心想，"我这里还给你准备了更好的东西。我要让你尝尝铅丸子。"他端起枪，瞄准了熊的左肩胛骨。

　　轰的一声枪响，就像响起了一声震雷，把熟睡的森林惊醒了。兔子吓坏了，它一下子从地上蹿了起来，足有半米高。獾吓得呼噜呼噜直叫，匆忙跑回自己的洞里。刺猬缩成了一团，身上的刺根根竖起。野鼠溜进了洞。猫头鹰也悄悄地退到大云杉的黑影里了。

　　一会儿，树林静了下来。塞索伊奇从平台上爬下来，来到栅栏边，边卷起一支烟，开始抽起来，边不慌不忙地往家走。天快亮了，得睡一会儿了。

　　等到集体农庄里的人都起床了，塞索伊奇才对小伙子们说：

　　"喂，好汉们，准备套上大车，咱们到树林里把熊肉拉回来吧，以后，熊再也伤不了咱们的牲口了。"

 名家点拨

　　本章作者重点描写了塞索伊奇捕鱼、捕熊这两件事，突出了塞索伊奇是个"顶有本事的猎人"。不管是捕鱼还是捕熊，塞索伊奇都会先考虑好再动手。文中对于湖泊的描写如散文一般优美。

打靶场

射箭要射中靶子！

答案要对准题目！

第3次竞赛

1. 哪一种甲虫会用出生的月份命名?

2. 蚱蜢的嚓嚓声是用什么发出来的?

3. 勾嘴鹬的咩咩叫声是用什么发出的?

4. 为什么火红的鹭鸶被称做"水牛"?

5. 蜘蛛有几只脚?

6. 甲虫有几对翅膀?

7. 有一种鸟从南方到我们这里来，有一部分路程是要步行，这是什么鸟?

8. 椋鸟窝里孵出小鸟后，碎蛋壳哪里去了?

9. 什么生物的耳朵长在腿上?

10. 什么鸟的叫声像瘦猫叫?

11. 青蛙卵和癞蛤蟆卵有什么不同?

12. 秧鸡的个头儿多大？

13. 什么鸟叫起来像狗叫？

14. 最后一批飞到我们这儿来的鸣禽是什么？

15. 丁香在春天开花还是在夏天开花？

16. 树林底下，闹闹腾腾；树林中间，有谁钉钉；树林上面，灯火通明。（谜语）

17. 走路时要用它，赶车时要用它，有病时也要用它。（谜语）

18. 白如雪，黑如铁，绿如叶，打起转来像中魔，上起树来像上台阶。（谜语）

19. 网子一面，不用手编。（谜语）

20. 又细又长，落到草里，自己躲起，儿子出来游戏。（谜语）

21. 我不来时求我出来，我来时又躲起来。（谜语）

22. 像小牛，没有角，宽脑门儿，细眼梢；不能碰，不能摸，牲口群里有它可不得了。（谜语）

23. 刚出生的小娃娃，一抓胡子一大把。（谜语）

24. 三个朋友在一起：一个跑不停，一个躺不动，一个摇摇摆。（谜语）

公告

第2次测验

怎样辨别这些动物？

图1：一只野鸭和一只矶凫落在水面上，怎样分辨它们？

图2和图3：这是我们这里的两种兔子：灰兔和白兔。冬天时，它们很容易区分，因为一只是灰色的，一只是白色的。可到了夏天，它俩都变成灰色的了，那怎么辨别它们呢？

图1

图2

图4、图5和图6：这是三种小兽。它们三个有什么不同？分别叫什么名字？

图4

图6

图5

图3

表演和音乐

看看去！

偏僻的小树林里，在那长满芦苇和青草的湖上，现在可以看到有趣的表演。

如果想看这个表演，就要在湖岸上搭个小棚子，躲在里面看。

晴朗的黎明时分，两个身着华丽服饰的演员从青草丛里游出来。它们是两只长着细嘴巴的鸟儿。它们长得真漂亮，华美的大领子一直齐到了颊上，在刚刚升起的阳光下，闪耀着古铜色光芒。这是鸊鷈。你只要静静地坐着，观看它们的表演。

瞧！它们就像排成一队的士兵一样，并排向前游着。忽然，好像谁发出了"分开"的号令似的，它们一下子就往后转，面对面鞠起躬来，就像跳舞似的。

后来，它们伸长脖子，扬起脑袋，微张着嘴，好像有人在发表重要演说。突然，它们一齐嘴巴朝下，一下扎到水里去了，连一点儿水花激荡的声音都没有。又过了一会儿，它们又先后从水里钻出来，挺着长长的身子站起来，好像就站在地上一样。它们各自从水底衔起一缕青苔，你的给我，我的给你，就像在交换两条绿色的小手帕。

看着看着，你就不由得鼓起掌来，这一鼓掌可就坏了，把它们都吓怕了，一起钻到芦苇丛里了。

打靶场答案
核对你的答案是不是打中了目标

◇◇◇◇◇◇◇◇◇◇◇◇◇◇◇◇◇◇◇◇◇◇◇◇◇◇◇◇◇◇◇◇◇◇◇◇◇

第1次竞赛

1. 从3月21日起。

2. 脏雪融化得更快，因为它的颜色比较深。深色能吸收更多的阳光。（夏天戴黑帽子最热了。）

3. 软毛兽在春天换毛，它们会脱掉那层又密又暖的绒毛（因为毛的作用减少了）。此外，野兽在春季怀小兽。

4. 蝙蝠要等到它们所吃的昆虫出现后，才会出现。

5. 款冬、毛茛、雪花。

6. 白山鹑——冬天它是白的，夏天有斑纹。

7. 在雪化以前，它变成了灰色时，或者在地面比白兔先变颜色时。

8. 是睁着眼的。

9. 在又密又黑暗的森林里生长的树木，会快速向上面有光的地方伸长，所以下面就没有树枝了。在旷野里生长的树木，下面的树枝存留着，而且展得很开。

10. 小小的鼩鼱。它只有3厘米半长（不算尾巴）。

11. 鹪鹩和戴菊鸟。它们俩个头差不多，比蜻蜓还小。

12. 凡是靠植物种子（仁、核）和浆果维持生活的鸟，嘴巴都又粗又硬（便于啄破核）；凡是靠昆虫维持生活的鸟，嘴巴都又细又软；凡是猛禽，嘴巴像把钩（便于把肉撕碎）。

13. 交喙鸟。

14.这是一棵冬天被兔子啃过的树。冬天，地上的积雪厚达1米，兔子啃不到下面的树皮。

15.3月21日，是春分；9月21日，是秋分。

16.冰柱。

17.春天的太阳。

18.雪。雪融化了就会汇成小溪，淙淙作响。

19."马"是河，"车辕"是岸。河水在流动，河岸却静止。

20.大地。冬天，大地上积着白雪；春天，大地上开满鲜花。

21.雪。

22.今天。

23.鹿

第2次竞赛

1. 龙虾。

2. 羊肚蕈和编笠蕈。

3. 拖拉机耕地时会犁出很多蛆虫、幼小的甲虫和其他昆虫，这些都是秃鼻乌鸦爱吃的东西。

4. 乌鸦窝又平又浅；喜鹊的窝是圆的，有盖。

5. 不织网就能捕捉昆虫的蜘蛛。

6. 家燕。

7. 在丛林和园子的树洞里。

8. 惊鸟和寒鸦能够啄食藏在它们皮毛里的昆虫及其幼虫。

9. 家鸭和家鹅的祖先是候鸟。春天，野鸭和野鹅从这里飞过的时候，家鸭和家鹅就会觉得苦闷，它们也想飞向远方。

10.春天突然涨大水，常常会把那些在地上做窝的鸟的蛋和小鸟淹掉。

11.什么鱼都禁止打。4月末，大梭鱼游到春水泛滥的水湾里产卵。它们喜欢待在浅水的地方，常常会露出它们的脊背。此时，盗猎者就会开枪打它们。

12. 最怕冷的是爬虫类。因为它们的血是冷的。天气冷的时候，它们就会被冻坏。至于鸟类，如果它们吃饱了，就几乎不怕冷。

13. 生活在旷地上的鸟，翅膀狭长而尖。据此很容易就可推出：那些生活在树林和丛林里的鸟，翅膀不可能是长的，因为长翅膀会被树枝和树干挂住。在密林里生活的鸟，翅膀都宽短而圆。我们的插图上，是鸥鸟和喜鹊的翅膀。

14. 家燕。

15. 蜂房和蜜蜂。

16. 甲虫。

17. 叮人的蚊子。

18. 雨水、大地、青草。

19. 鱼。

20. 土地妈妈。

21. 铃兰的花蕾和花。

22. 云。

23. 牛。

第3次竞赛

1. 金龟虫（五月金龟虫和六月金龟虫）。

2. 蚱蜢的腿上有小刺，翅膀上有锯齿。用腿擦翅膀，会发出嚓嚓的声音。

3. 用尾巴。

4. 因为雄鹭鸶能发出牛叫的声音。

5. 8只。

6. 甲虫有两对翅膀。外面一对是硬硬的、厚厚的，主要作用是保护底下那对飞行用的翅膀。

7. 长脚秧鸡，黑鹛。

8. 椋鸟会用嘴把碎蛋壳从窝里捡出去，然后丢到离巢很远的地方。

9. 蚱蜢的听觉器官不在头上，而是在一对前脚的小腿上。

10. 黄莺。

11. 青蛙的卵像果冻一样，一大团一大团漂在水面上。癞蛤蟆的卵附着在一条胶质的带子上，带子又附着在水草上。

12. 比椋鸟大一点儿，比鸽子小一点儿。（29厘米）

13. 雄的白山鹑会在春天的交配期发出像狗叫一样的声音。

14. 是那些羽毛颜色艳丽的鸟。只有我们这里的树上长满了翠绿的嫩叶后，它们才会飞来。

15. 春天。丁香花凋谢时就算是夏天开始了。

16. 蚂蚁在蚂蚁洞里忙碌地生活；啄木鸟啄树像铁匠打铁；夜里，星星在树林的上空闪烁，就像点了蜡烛一样。

17. 白桦树。走路的人会砍下它的树枝做手杖；赶车的人用它做鞭柄；村子里，给病人喝白桦树液。

18. 喜鹊。

19. 蜘蛛网。

20. 雨。雨落在草地里，从草地里流出小溪。

21. 雨。

22. 狼。

23. 山羊。

24. 河、岸、岸边的矮树丛。

"神眼" 称号竞赛
答案及解释

第1次测验

图1：是天鹅。天鹅在飞的时候，伸直它那有伸缩性的长脖子，因此看上去它的翅膀好像在后面一样。它的短腿缩在身体下面，所以看不见脚。

图2：是雁。雁在飞的时候，像天鹅，可是它的脖子没有天鹅长，身体比较小，是灰色的。

图3：是鹤。鹤在飞的时候，会把脖子和长腿伸得像根棍子。

图4：是鹭鸶。区分鹭鸶和鹤很容易，因为鹭鸶在飞的时候脖子是弯的，翅膀也驼得厉害。

第2次测验

图1：上面是矶鹠。它停在水里的时候，身体后部会弯下去浸在水里。潜水的时候，它的整个身体都会钻入水下。

下面是野鸭。当它停在水面的时候，身体后部会离开水面轻抬起来。当它觅食的时候，身体前部会钻入水里，就像家鸭一样。

图2：白兔。白兔的耳朵比较短，且向前弯曲时碰不到鼻尖。它的脚

爪宽，尾巴圆圆的，根部有个黑斑点，是灰色的。

图3：灰兔。夏天辨认灰兔和白兔很容易。因为灰兔身子大，身上的毛略带褐色或淡黄色。耳朵很长，如果向前弯，可以越过鼻尖；腿细，尾巴比白兔长，上面有个长形的黑斑点。

图4：鼩鼱。它是一种有益的吃昆虫的小兽。

图5：家鼠。它是一种有害的啮齿类动物。

图6：野鼠。也是有害的啮齿类动物。

要分辨这三种鼠类，只要掌握以下特征即可：鼩鼱的嘴伸得长长的，像个长鼻子，身体是弓起的，眼睛藏在毛里，几乎看不见；家鼠和野鼠的嘴都没那么长。家鼠的尾巴长，野鼠的尾巴短。